A Smoother Pebble
Mathematical Explorations
D·C·Benson

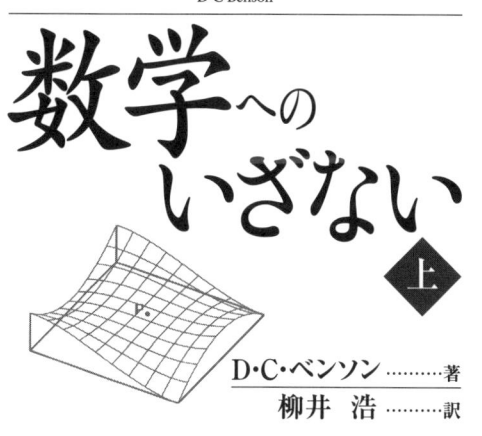

数学への
いざない
上

D・C・ベンソン ………著

柳井　浩 ………訳

朝倉書店

A Smoother Pebble
Mathematical Explorations

DONALD C. BENSON

Copyright © 2003 by Oxford University Press, Inc.
This translation of *A Smoother Pebble*, originally published in English in 2003 by Oxford University Press, Inc. is published by arrangement with Oxford University Press, U.S.A.

訳者まえがき

本書は, Donald C. Benson 著 "A Smoother Pebble——Mathematical Explorations", Oxford University Press, 2003 の全訳である. A Smoother Pebble——なめらかな小石——は「はじめに」にもあるように, アイザック・ニュートンの言葉によるものである. すなわち, 科学する心とは, 少年が海辺でなめらかな小石をさがすようなものだと述べた有名な一節である. 実際, 数学の歴史もそのような心をもった多くの人々が, 身近な世界の裏にあるらしい数理的世界がどのようなものなのかに疑問を抱き, 試行錯誤を繰り返しながら, 今日にいたったものである. しかし, 本書の題名としてみれば, ニュートンのこの言葉は, わが国ではなじみが薄いように思われたので, その意図を汲んで「数学へのいざない」を題名とした.

物事に対する理解を深め, 納得しようとするとき, そのアプローチは, 論理的理解, 体系的把握, 図形的直観などさまざまである. そのようなものの一つに, 歴史的アプローチがある. とくに数学のような〈ものの考え方〉を理解しようとする場合には重要な方法である. すなわち, 〈ものごとが, そのように考えられるようになった〉のは, どのような問題意識にもとづいて, どのような着想がなされ, どのような経緯をたどって今日の形になったのかを追体験するという方法である.

数学は, 長い歴史をもった人間の知的営みである. 文化である. ——その道筋はまっすぐだったわけではない. 迷い道に踏み込んで, なかなか出てこられなかったこともある. そして, その時代には, その道こそが正しい道と思いこまれていたのである. ——現代のわれわれにしても, そのような状態にないという保証はどこにもないのだ. したがって, 現在の数学といっても, それは数学として完成したものではない. 完成にはほど遠い. ほど遠いどころか, 将来にわたっても, 完成することはないものとも思われる.

ところが，今日，多くの人々が数学に触れるのは学校教育の場においてである．"産業人"を能率よく"生産"することを使命とする，今日の多くの学校教育では，その実用的・技術的側面としての〈結果〉だけが強調されているようだ．そのこと自体が悪いわけではないが，そのもとになっている人間の精神——疑問をもち，これを理解しようとする知的活動——という面に触れることには欠けるうらみがある．人間の知的活動の過程としての数学という文化に触れることがなくなってしまう．

　また，数学というこの知的営みには，過去に得られた数学上の知識のみならず，知的活動を支える技術的方法が必要である．数学には，概念を作り，公理的方法，論理的演繹などにもとづく思弁的方法の展開ばかりでなく，記数法，代数的記法，グラフ表現，計算表，そしてコンピュータなどの技術的サポートが不可欠である．これらの方法とあいまって発達してきたのが数学である．数学は数学だけで発達してきたのではない．物質的，精神的，学問的，社会的な時代背景のもとでの動機付けと技術的サポートがあっての数学の発達である．

　著者のBenson教授は，本書において，このような視点から，数学史の重要な点を追いつつ，そこに展開された人間の知的活動の部分をわかりやすく解説することに努力している．歴史的な事実——発見者自身が実際にどのような方法を使ったか——に忠実というよりは，その考え方がどのようなものであったかに重点をおいた説明である．つまり，過去の研究者の考え方や仕事をそのままの形で述べるというよりは，そのエッセンスをふまえて，修正をくわえ，どのような思考の経路がとられたのかを，いくつかのトピックスを通じて，わかりやすい，読み物に近い形で再構成するという方法をとっている．

　そこで，本書に述べられている，科学史上の諸事実の細部については疑義をもたれる読者もあろうかと思う．しかし，これらは，第1次資料に対する解釈の問題でもあるので，修正は必要最小限にとどめ，できる限り忠実に翻訳しておくことにした．尊ぶべきは，数学という知的営為の本質を述べようとしている点であろう．

　本書は，一松　信先生（京都大学名誉教授）のご選定とお勧めにより筆者が翻訳にあたったものである．翻訳にあたって精読しながら，上記のような意味で，一松先生の"お眼鏡"の確かさに感服した次第である．

訳者まえがき

　原著者の Benson 氏は，米国カリフォルニア大学の名誉教授であるが，本書にもそれが反映されているように，広い知識とともに豊富な教授経験をおもちの方のようである．おそらく，Benson 教授は，長い間講義にたずさわり，こんな風に話したら，あんな風に説明したらと，いろいろ考えを巡らせておられたことと思われる．そればかりでなく，それを，楽しんでおられたこととお見受けする．同時に，学問をただの技法の集合体としてではなく，その学問それ自身に，興味をもって深くかかわってきた人にしてはじめて可能な語り口が随所にみられる．それと同時に，本書の執筆にも，大いに楽しんであたられたように拝察する．場所によっては，ウンチクの披瀝やら，脱線やら，ジョークやら，Benson 先生もゴキゲンですっかり調子が上がっている．そうだからこそ，数学の歴史が人間的なものであることがよく表現されているのだと思うが，反面これは，翻訳者泣かせでもあり，この辺を日本の読者にどのように伝えるかが苦労の種であった．

　そのようなわけで，翻訳にあたっては，多くの方々にお教えをいただいた．矢島俊弥（防衛庁），若山邦紘（法政大学），江澤建之助（フンボルト大学，ベルリン），大橋良子，桜井彰人，高橋正子（慶應義塾大学），張　元宗（目白大学），古藤　浩（東北芸術工科大学），逆瀬川浩孝（早稲田大学）などの諸先生からは，あるいは内容的な問題について，あるいは術語の使用法についてご教示をたまわった．ここに深い感謝の意を表したい．しかし，無論，責任はすべて，訳者である柳井にある．また，朝倉書店編集部の方々は，本書の編集の労をとられたのみならず，多くの貴重なご助言をしてくださった．ここにあわせて，感謝の意を表したい．

　この翻訳によって，原著者の意図を日本の読者にどのくらい伝えることができるか，気がかりではあるが，とにかく，読者諸賢に，この追体験を大いに楽しんでいただけたらと願っている．

2006 年 3 月

柳　井　　　浩

謝　辞

　第1に，妻ドロシー（Dorothy）に感謝する．ドロシーは原稿を，すみずみまで繰り返して読み，多くの貴重な提案をしてくれた．

　ネッド・ブラック（Ned Black）とドナルド・チャケリアン（Donald Chakerian）は原稿の一部を読んで，さまざまなコメントをしてくれた．これに感謝する．

　オックスフォード大学出版局（Oxford University Press）のカーク・ジェンセン（Kirk Jensen）には，その助力と励ましに感謝したい．

　本書（原著）はLaTeXを用いて著者自身が活字を組んだものである．ここで用いたLaTeXパッケージの作者と「よくわかるTeX文書ネットワーク」（CTAN, the Comprehensive TeX Archive Network）の制作に加わったすべての人々に感謝したい．

　本書の製図は，MetaPostおよびGnuPlotを用いて著者自身が行ったものである．

はじめに

> 私は，私が世間からどのようにみえるのかを知らないが，私自身としてみれば，海岸で遊んでいる子供が，折に触れて，他のものよりなめらかな小石や，きれいな貝を見つけて喜んでいるようなものにすぎない．だが，真理の大海原は，私の目の前にありながら発見されずにいるのだ．
> ——アイザック・ニュートン（Isaac Newton）

　本書の狙いは，数学の岸辺で道を探そうというものである．ここで，道というのは，以前にそこに来たさまざまな人々の足跡のことである．だが，どの足跡を選べばよいのか？　足跡の中には限られた範囲の興味の対象にしか人を導かない道もあり，また，数学上重要な発見へと導いてくれる道もある．本書で筆者が選ぼうと思うのは，面白くて，しかも重要だと筆者が考える道である．いいかえれば，本流へと導いてくれる道筋である．

　筆者が，この本で示したいことは，数学が人間的な努力の産物だということである．数学は，決して，冷たく，近寄りがたい，画一的で，完璧なものではない．数と空間を，有用で納得と信頼のいく形で理解しようとする研究は，多くの点で成功を収めているものの，間違った出発点から出発したことも，間違った曲がり角を曲がってしまったこともある．ボッティチェルリ（Botticelli）の有名な絵画〈ヴィーナスの誕生〉は，ヴィーナスが海の泡から，子供ではなく，成人した，すみずみまで神聖な女性の姿として生まれてくるところを示しているが，それにひきかえ，数学は，生まれたときからすぐにそのように完璧な姿をしていたのではない．数学は，曲がりくねった道をたどってきたのであり，また，完成などという域にもとうてい到達しえないだろう．

　本書の第I部では，数の概念を取り扱う．古代エジプト人が分数を表現するのに用いた奇妙な方法から話を始めるが，分数というものは，古代人にとっても，今日の小学生にとっても，やさしい概念ではない．しかし，今日の小学生

が，先生に教われば2〜3週間で済むことでも，数学の開拓者たちが，誰にも教えてもらわずに発見するまでには，何世紀もの時間がかかっているのだ．エジプト人の方法は，今日からみれば，扱いにくいものに思えるが，それでも，5枚のピザパイを7人で分けるというような問題の場合には，それなりの利点がある．

　第II部は幾何学である．ここでは円環面国と呼ばれる架空の世界を訪れることにしよう．円環面国の住人が自分たちの世界を理解しようとして努力する姿は，科学者がわれわれ自身の世界を理解しようとする姿を鏡に映したようなものだ．ところで，1800年には知られておらず，1900年には期待される新機軸であり，2000年には数学や科学，ビジネスや日常生活において，どこでもごく一般的に使われている幾何学的な道具といえば何であろうか？　それは，〈グラフ〉である．

　第III部は代数学，すなわち，数学の言語に関するものである．16世紀のイタリアでは，5人の数学者が，方程式の解法の発見に血道を上げていた．彼らにとっては，代数学的知識こそが価値のある戦利品であり，争いや，陰謀や，侮辱，そして自慢の種だったのである．この話のあとで，壁紙の模様のカタログと代数学との関係について話を進めよう．

　第IV部では，ニュートン（Newton）とライプニッツ（Leibniz）によって発見された"なめらかな小石"すなわち，微積分学を紹介しよう．その基礎概念をつかむには，6分間ほど自動車に乗ってみればよい．その話に続いて，ジェットコースターは，どのようなものにしたら，最も速いものになるかという競争に目を向けてみよう．

　読者がこの本を読んで，数学に，新しい意味と楽しみを見つけてくれるのを願っている．

目　　次

第 I 部　すき間を埋める

第 1 章　古代の分数—エジプト・バビロニアの分数—………3
　エジプト式単位分数……………………………………………4
　　エジプト式算術………………………………………………7
　　欲張り算法……………………………………………………13
　バビロニア人と 60 進法………………………………………16
　60 進法小数……………………………………………………16

第 2 章　ギリシャ人の贈り物—ギリシャ人と比，有理数の〈すき間〉—…19
　異端の論…………………………………………………………22
　量と比と比例……………………………………………………25
　　方法 1.──ユードクソスの比例理論……………………28
　　方法 2.──テアイテトスの方法…………………………30

第 3 章　比と音楽—ピュタゴラス音律と平均律—…………39
　音響学……………………………………………………………42
　　回転する円……………………………………………………42
　　波形とスペクトル……………………………………………47
　心理音響学………………………………………………………53
　　協和音と不協和音……………………………………………54
　　臨界帯域幅……………………………………………………55
　音程，音階，調律………………………………………………59
　　ピュタゴラス音律……………………………………………61
　　5 度の繰り返しによるオクターヴの近似…………………62
　　平均律…………………………………………………………65

第 II 部　もののの形

第 4 章　円環面国—曲面の曲率と非ユークリッド幾何学— ………… 73
- なめらかな曲線の曲率 …………………………………………… 75
  - 曲線に閉じこめられた尺取り虫の世界観 ……………………… 75
  - 2 次元にはめ込まれた曲線 ……………………………………… 76
  - 3 次元にはめ込まれた曲線 ……………………………………… 77
- なめらかな曲面の曲率 …………………………………………… 79
  - ガウス曲率——外的定義 ………………………………………… 80
  - 円環面国——空想物語 …………………………………………… 83
  - 三角形の過剰角 …………………………………………………… 86
- ユークリッド幾何学 ……………………………………………… 89
  - 平行線公理 ………………………………………………………… 92
  - 非ユークリッド幾何学 …………………………………………… 93
  - 非ユークリッド幾何学のモデル ………………………………… 95

第 5 章　眼が計算してくれる—グラフ，座標，解析幾何学— ……… 102
- グラフ ……………………………………………………………… 106
  - グラフの必要性 …………………………………………………… 107
  - グラフの"材料" …………………………………………………… 108
  - グラフを考案した賢い人々 ……………………………………… 112
- 座標幾何学 ………………………………………………………… 117
  - 合成と分析・解析 ………………………………………………… 119
  - 合成的証明と解析的証明 ………………………………………… 120
  - 直　線 ……………………………………………………………… 125
  - 円錐曲線 …………………………………………………………… 128

付　　録

- 用語集 ……………………………………………………………………… 3
- 文　献 ……………………………………………………………………… 11
- 索　引 ……………………………………………………………………… 15

下巻目次

第III部　大いなるわざ

第6章　代数の規則―記号とアルゴリズム―
　　　　代数学への不信感／他の方法をもってする算術／代数学と幾何学

第7章　問題の起源―方程式の解法をめぐって―
　　　　図式解法／2次方程式／秘密，嫉妬，競争，諍い，そして策略

第8章　対称性は怖くない―群と壁紙模様―
　　　　正方形の対称変換／群の公理／平面上の等長変換／平面装飾のパターン

第9章　魔法の鏡―論理学とパラドックス―
　　　　決定不可能性／魔法の書き方

第IV部　なめらかな小石

第10章　巨人の肩の上から―微積分学誕生前夜―
　　　　ニュートン，ライプニッツ以前の積分法／ニュートン，ライプニッツ以前の微分法／ガリレオのリュート

第11章　6分間の微積分学―時計・速度計・走行距離計で学ぶ微積分―
　　　　準備／壊れたダッシュボード／ジェットコースター

第12章　ジェットコースターの科学―変分原理と最速降下線―
　　　　最も簡単な極値問題／不等式／最速降下線

第 I 部

すき間を埋める

科学とは，われわれの感覚的経験の，多様で混沌とした拡がりに，論理的で，一貫性のある思考体系を対応させようという試みである．
——アルベルト・アインシュタイン（Albert Einstein, 1879-1955）

第1章

古代の分数
―エジプト・バビロニアの分数―

> ホルスの目は，我が目の前に火と燃える．
> ――「死者の書」(The Book of the Dead, 前 1240) (E. A. Wallis Budge 訳)

　正の整数，すなわち〈自然数〉は，人間がものを数えるための基本的な必要を満たしてきた．しかし，社会の文明化につれて，土地や，ものを測るために，分数，すなわち，自然数と自然数の間のギャップを埋めるための〈人為的な数〉が必要になってきた．

　分数の正しい理解ということは，数学教育上も，小学生が最初にすべりがちなステップであり，多くの小学生が，ここでつまずいている．数学史上でもそうで，古代エジプト人もここで道を間違えている．数千年を経た後に，他の人々が，やっと正しい道を見つけたのだが，この回り道は，今日ではほとんど忘れ去られているし，この誤りを繰り返す危険ももはやない．しかし，分数が，エジプト人にとってもやさしいものではなかったということからしても，現代の小学生の苦労にも，いっそう納得がいくだろう．しかし，エジプト式分数は，それ自身としては面白いものなので，今日では，目先の変わった問題の"ネタ"にさえなっている．

　分数の取り扱いという点でいえば，古代バビロニア人に高い評点をつけねばなるまい．バビロニアの分数は，基数が 10 でなく 60 という点が違っていたこと以外は今日の 10 進小数とほとんど同じものであった．時間や角度を測るには，今日でも，分とか秒というようなバビロニア風の 60 進小数が用いられている．

　ドイツの数学者レオポルド・クロネッカー (Leopold Kronecker, 1823-91) の言によれば，"神が作り給うたのは整数だけで，あとの全部は人間が作った

ものだ."ということで,自然数を理解する方法は,本質的に,これだけである.しかし,分数は,〈有理数〉として知られているものであるが,その定義には,いくつかの異なる方法がある.現在用いられている分数,すなわち,分子と分母を線で区切ったもの,たとえば,5/7 を〈通常の分数〉と呼ぶことにしよう.この表記法は,12 世紀のインドに端を発するものが,やがてヨーロッパに拡がったのだが,その根底にある〈通約可能な量の比〉という概念は,古代ギリシャに由来するものである.しかし,通常の分数が,分数というものを理解する唯一の道ではない.ここでは,古代エジプト人とバビロニア人が,別々の方法を使っていたことを述べよう.また,第 2 章では,分数を定義するのに,さらに別の方法があることも示そう.

エジプト式単位分数

リンドパピルス(Rhind Papyrus)は,長さ 18 フィート,幅 13 インチ(5.49 m×0.33 m)の巻物だが,古代エジプト数学に関する最も重要な情報源である.これは,1858 年にスコットランド人のエジプト学者ヘンリー・リンド(Henry Rhind)がテーベで購入したもので,1863 年以来,大英博物館に保管されている.この巻物はアーメス(Ahmes, 前 1680 ? -1620 ?)という書記の手になるもので,その記すところでは,さらに古い(前 1850 あるいはもっと以前の)書物を書き写したものだ.

この巻物は,古代エジプト数学の教科書で,2 つの表と 87 題の問題から構成されている.問題には,面積や体積に関するものもいくつかあるが,かなりの部分が,古代エジプトの分数計算を扱っている.この方法は,大変風変わりな上に,明らかな欠点をもっているにもかかわらず,その後数千年にもわたって生き続けていたのである.実際,ピサのレオナルド(Leonardo, 1175 ? -1230 ?)[1] の重要な業績は,エジプト式〈単位分数〉に関するものであった.

---

[1] ピサのレオナルドはフィボナッチ(Fibonacci)として知られている人物であるが,フィボナッチ数列:1, 1, 2, 3, 5, 8, 13, 21 によって最もよく知られている.フィボナッチは,この数列をウサギの群の個体数の増加を記述するのに用いた.また,ヒンズー・アラビア式の位取り 10 進記数法をヨーロッパに紹介した人物でもある.

第1章 古代の分数

　古代エジプト人が編み出した分数概念は，今日のわれわれには，風変わりどころか"変な"ものでさえあった．分子が"1"である分数（たとえば，1/3 とか 1/7）を単位分数と呼ぶが，エジプト人は，この単位分数，つまり，自然数の〈逆数〉を表すのに，その上側に目の形の記号 ◯（"ホルス（Horus）の目"）を付けた．ここでは，この記号のかわりに，上側に線を引くことにしよう．つまり，たとえば，1/7 を $\overline{7}$ と表すのである．

　エジプト人は，2/3 にだけには特別の記号を用いていたが，その他の分数は，互いに異なる単位分数の和として表した．たとえば，5/7 は，

$$\frac{5}{7} = \overline{2} + \overline{7} + \overline{14} \tag{1.1}$$

と書いたはずだが，これは，次の計算でも確認できる．

$$\frac{1}{2} + \frac{1}{7} + \frac{1}{14} = \frac{7+2+1}{14} = \frac{10}{14} = \frac{5}{7} \tag{1.2}$$

　しかし，同様の計算をしてみればわかるように，5/7 はまた，次のようにも書ける．

$$\frac{5}{7} = \overline{2} + \overline{5} + \overline{70} \tag{1.3}$$

あるいは，

$$\frac{5}{7} = \overline{3} + \overline{4} + \overline{8} + \overline{168} \tag{1.4}$$

　分子と分母という〈2個〉の数を用いることは，エジプト人には思い浮かばなかったのだろう．われわれが，5/7 と書いたり，上の (1.2) 式のような計算をするのは，古代エジプト人とは別の考え方によるものである．

　それでは，エジプト人はなぜ，単位分数を繰り返して書くことをしなかったのだろうか？　たとえば，$\overline{7}+\overline{7}+\overline{7}+\overline{7}+\overline{7}$ と書いてもよいはずなのに，これが受け入れがたいと考えたのはなぜだろうか？　3つの分数ですむところを，5つの分数を用いるのは許しがたいと感じたのであろうが，これもいまとなっては，そう推測できるというにすぎない．

　式 (1.1)，(1.3) および (1.4) というように，5/7 の単位分数表示が何通りも可能だということは，エジプト式分数法の重大な欠陥である．こんなやっかいな方式が何千年も生き残ったのはなぜか？――いくつかの答が考えられ

る．
1. 扱う問題が単純なら，この方式でも間にあった．
2. この方式が伝統的に支持された．
3. この方式を用いていたのは，"書記"と呼ばれる人たちだが，この人たちは，方式を単純化することによって，自分たちの秘術に対する名声が失われることを恐れた．
4. 分子と分母という〈2つ〉の数を用いて分数を表現するというのは，きわめて卓越した考え方であり，これに到達するには，実際に，数千年もの年月を要した．

このような推測もさることながら，エジプト式単位分数にも，ものの分割にかかわる問題の場合には，それなりの利点がある．そもそも，公平な分配法というものは，全体をいくつかに分け，各人にそのいくつを割り振るのかを決めることである．"もの"が代替可能性をもつ，すなわち分量だけで価値の決まるものならば[2]，個数や形にかかわらず，分量だけを問題にすればよい．しかし，他の要素もある．たとえば，分配が公平であるためには，分量ばかりでなく，これに加えて，分配されるものの個数や形も同じでなければならないという〈みかけ〉の公平さが求められることもある．単位分数には，次の例が示しているように，ものの分配には優れた点がある．

例題 1.1 5枚のパイを，Ada，Ben，Cal，Dot，Eli，FayおよびGilの7名に分配したい．(a) 普通の算術で計算せよ．(b) エジプト式単位分数を用いて計算せよ．

(a) 普通の算術による2つの計算法：

方法1：
1. Adaには，第1のパイの5/7を分配
2. Benには，第1のパイの2/7と第2のパイの3/7を分配
3. Calには，第2のパイの4/7と第3のパイの1/7を分配
4. Dotには，第3のパイの5/7を分配
5. Eliには，第3のパイの1/7と第4のパイの4/7を分配

---

[2] 単位分数を，さらにエレガントに用いれば，(分量だけでは価値の決まらない) ピザを，アンチョビーやペッパローニに好みの違いがある人達にも，公平に分けることができる．

6. Fay には，第4のパイの3/7と第5のパイの2/7を分配
7. Gil には，第5のパイの5/7を分配

難点1：分配に，個数や形が違うものがあるので，不和を生じかねない．

方法2：

5枚のパイの各々を7等分して，5枚ずつ配る．

難点2：個数が多すぎる．

(b) エジプト式単位分数を用いた計算法： この方法によれば，各人に配られる個数はどれも3個で，同じ形のものを分配することができる．すなわち，(1.1)式によって，$5/7 = \overline{2} + \overline{7} + \overline{14}$ であることを使って次のようにする．

1. 各人に1枚のパイの半分を配る．あとには，パイ1枚と半分のパイが残る．
2. その1枚を7等分して，それぞれを7人に配る．あと，半分のパイが残る．
3. この半分のパイを7等分して，それぞれを7人に配る．

エジプト式の方法によれば，近代的な2方法のもつ難点を回避することができる．すなわち，方法1には難点1があるし，方法2には難点2があるが，この両方の点でエジプト式方法の方が優れている．

■ エジプト式算術

今日の小学生の場合と同様，古代エジプト人にも分数計算の基礎となる算術が必要であった．リンドパピルスには，複雑な計算技術を説明する一連の例題が与えられている．この中から，とくに，分数計算に関連する，掛け算と割り算の方法のいくつかをみてみることにしよう[3]．

掛け算

古代エジプト人が用いた掛け算や割り算の方法は，現代の方法とは違うものであった．掛け算のやり方は，表1.1(a)に示されているように，2倍にする操作を繰り返すことに基礎をおいていた．この方法は〈ロシア農民の掛け算〉（表1.1(b)参照）とまったく同様のものである．どちらの方法でも，掛けよ

---

[3] van der Waerden (1975) は，古代エジプトの算術に関するさらに完全な解釈を与えている．

表 1.1　古代の掛け算と現代の掛け算：　13×14＝182

*1	14	13	14			14		
2	28	6	28̶	*1	14	× 13	1	14
*4	56	3	56	*2	28	42	*3	42
*8	112	1	112	*10	140	14	*10	140
13	**182**		**182**	13	**182**	**182**	13	**182**
	(a)		(b)		(c)	(d)		(e)

(a) エジプト式掛け算（2倍計算のみ）：
　1. いちばん上の行には，1ともう一つの掛ける数（14）を記入．
　2. それ以下の行には，そのすぐ上の行を2倍したものを記入．
　3. 加えると13になる数の左に"＊印"をつける．
　4. "＊印"をつけた行の右の列にある数の和を求めれば，13×14が得られる．
(b) ロシア農民の掛け算：　この方法は，本質的には(a)と同じである．
　1. 第1行に，掛けられる2つの数を2列に分けて記入する．
　2. 第1列の数が1なら，計算終了．それ以外の場合には，第1列の数が1になるまで次の2つの手順を繰り返す．
　　A. 第1列の末尾に，その上の数を2で割って，余りを切り捨てた数を付け加えて記入する．
　　B. 第2列の末尾に，そのすぐ上の数を2倍したものを付け加えて記入する．
　3. 第1列に〈偶数〉が出てきたら，その右の列にある数を"一印"で削除する．
　4. 第2列に残った数を加え合わせれば，求める積が得られる．
第2行において，第1列が偶数のとき，隣にくる要素を削除するのは，13の2進法表示[4]すなわち $13_{10} = 1101_2$ を見つけることと等価である．
(c) エジプト式掛け算（簡略法）：　(a)に示されたエジプト式計算では，ある行を2倍にすることで次の行が得られた．しかし，2倍に限らず，任意の自然数を使っても，同様の計算が可能である．そこで，この計算手順のスピードをあげるために，エジプト人は第1行の数に5や10という数を掛けて作った行を用いている．この例では，第1行を10倍したものが第3行になっている．
(d) 現代の計算アルゴリズム
(e) エジプト式に書いた現代の掛け算：　現代の桁取り10進法によれば，第1の掛ける数13は10＋3を略記したものである．3および10は，エジプト風に書くときに，それぞれ，第1行を第2行および第3行に変換する係数である．現代の方法(d)でも，エジプトの方法(e)でも，182という積は，42と140の和として求められる（現代の方法では，140と書くかわりに14と書くことになるが，この14は1桁左に桁移動されている．つまり，14×10と等価である）．

うと思う数の一方を〈2進法〉に書きかえるのである．2進法といえば，今日では，ディジタルコンピュータの算術的基礎をなすものになっている．さて，13×14という掛け算の場合でいうと，13という数を2進数（13＝8＋4＋1＝

---
[4] Benson (1999, p. 101)参照．

1101_2) に置きかえる．これに対応して，表1.1(a) では，"＊印"がつけられ，表1.1(b) では"―印"で数が削除されている．ロシア農民の掛け算は，2進変換を機械的に行う手順，つまりアルゴリズムを与えているという点で進歩している．

古代エジプト人は，明らかな近道があるとわかる場合には，2倍にこだわらなかった．たとえば，表1.1(c) においては，第1行に1，2および10を掛けて $13 \times 14 = 182$ という答を得ている．掛け算の場合，行に掛ける数は自然数なら何でも，都合のよいものでよい．そこで，これらの自然数が適当に選ばれれば，表1.1(d) に示されているような，現代のわれわれになじみ深い掛け算のアルゴリズムと同様の操作に帰着する．実際，表1.1(e) は，このような"変形"エジプト方式による 13×14 の計算である．ここで，3と10という係数は13という数の10進法による意味が $13 = 1 \times 10^1 + 3 \times 10^0 = 10 + 3$ だというところからきている．

リンドパピルスの2倍表

リンドパピルスには，$2/n$ を相異なる単位分数の和によって表す方法を示した奇妙な表が載っている．この表は，エジプト式の分数計算をする場合には大切な表であったのだが，単位分数法が新しい計算法に席をゆずると，その意味を失ってしまった（何世紀ものちのことになるが，対数表も同様の運命をたどることになった．対数表は，1970年代に電卓が登場するまでは，掛け算やベキ乗の計算には便利で役に立つ表であった）．

表1.2の左の列には，分母が偶数の分数 ($2/2m$) は出ていない．エジプト人にも，$2/2m = \overline{m}$ はすぐに計算できたからである．

表1.2は，エジプト式分数の和を求めるには便利なものであった．これは，次のような理由によるものである．すなわち，エジプト式分数は単位分数の和であって，単位分数の2倍は用いないのだが，単位分数を2つ加えあわせると単位分数の2倍が出てくることがある．しかし，これでは，規則違反になるから，単位分数の和に置きかえなければならない．そこで，表1.2のような表が役に立つのである．例題1.2は，表1.2がどのように使われたのかを示すものである．

例題 1.2 表1.2を用いて，$\overline{5} + \overline{15}$ と $\overline{10} + \overline{30}$ と $\overline{5} + \overline{25}$ の和を計算したい．

表 1.2 分数単位の2倍（リンドパピルスによる）

$2/n$ という形の分数の，相異なる単位分数の和による表現	
$2/3\ =\overline{2}+\overline{6}$	$2/53\ =\overline{30}+\overline{318}+\overline{795}$
$2/5\ =\overline{3}+\overline{15}$	$2/55\ =\overline{30}+\overline{330}$
$2/7\ =\overline{4}+\overline{28}$	$2/57\ =\overline{38}+\overline{114}$
$2/9\ =\overline{6}+\overline{18}$	$2/59\ =\overline{36}+\overline{236}+\overline{531}$
$2/11=\overline{6}+\overline{66}$	$2/61\ =\overline{40}+\overline{244}+\overline{488}+\overline{610}$
$2/13=\overline{8}+\overline{52}+\overline{104}$	$2/63\ =\overline{42}+\overline{126}$
$2/15=\overline{10}+\overline{30}$	$2/65\ =\overline{39}+\overline{195}$
$2/17=\overline{12}+\overline{51}+\overline{68}$	$2/67\ =\overline{40}+\overline{335}+\overline{536}$
$2/19=\overline{12}+\overline{76}+\overline{114}$	$2/69\ =\overline{46}+\overline{138}$
$2/21=\overline{14}+\overline{42}$	$2/71\ =\overline{40}+\overline{568}+\overline{710}$
$2/23=\overline{12}+\overline{276}$	$2/73\ =\overline{60}+\overline{219}+\overline{292}+\overline{365}$
$2/25=\overline{15}+\overline{75}$	$2/75\ =\overline{50}+\overline{150}$
$2/27=\overline{18}+\overline{54}$	$2/77\ =\overline{44}+\overline{308}$
$2/29=\overline{24}+\overline{58}+\overline{174}+\overline{232}$	$2/79\ =\overline{60}+\overline{237}+\overline{316}+\overline{790}$
$2/31=\overline{20}+\overline{124}+\overline{155}$	$2/81\ =\overline{54}+\overline{162}$
$2/33=\overline{22}+\overline{66}$	$2/83\ =\overline{60}+\overline{332}+\overline{415}+\overline{498}$
$2/35=\overline{30}+\overline{42}$	$2/85\ =\overline{51}+\overline{255}$
$2/37=\overline{24}+\overline{111}+\overline{296}$	$2/87\ =\overline{58}+\overline{174}$
$2/39=\overline{26}+\overline{78}$	$2/89\ =\overline{60}+\overline{356}+\overline{534}+\overline{890}$
$2/41=\overline{24}+\overline{246}+\overline{328}$	$2/91\ =\overline{70}+\overline{130}$
$2/43=\overline{42}+\overline{86}+\overline{129}+\overline{301}$	$2/93\ =\overline{62}+\overline{186}$
$2/45=\overline{30}+\overline{90}$	$2/95\ =\overline{60}+\overline{380}+\overline{570}$
$2/47=\overline{30}+\overline{141}+\overline{470}$	$2/97\ =\overline{56}+\overline{679}+\overline{776}$
$2/49=\overline{28}+\overline{196}$	$2/99\ =\overline{66}+\overline{198}$
$2/51=\overline{34}+\overline{102}$	$2/101=\overline{101}+\overline{202}+\overline{303}+\overline{606}$

(a) 現代の標準的算術を用いよ．(b) エジプト式方法を用いよ．

(a) 現代の標準的方法： 問題は次の3つの分数を加えあわせることである．

$$\frac{1}{5}+\frac{1}{15}=\frac{3+1}{15}=\frac{4}{15}$$

$$\frac{1}{10}+\frac{1}{30}=\frac{3+1}{30}=\frac{2}{15}$$

$$\frac{1}{5}+\frac{1}{25}=\frac{5+1}{25}=\frac{6}{25}$$

公分母 75 を用いれば,
$$\frac{4}{15}+\frac{2}{15}+\frac{6}{25}=\frac{4\cdot 5+2\cdot 5+6\cdot 3}{75}=\frac{48}{75}=\frac{16}{25}$$
が得られる.

(b) エジプト式方法: われわれが求めているのは,
$$(\overline{5}+\overline{15})+(\overline{10}+\overline{30})+(\overline{5}+\overline{25})$$
であるが,これらの項を整理すれば,
$$(\overline{5}+\overline{5})+\overline{10}+\overline{15}+\overline{25}+\overline{30}$$
を得る.表1.2から $\overline{5}+\overline{5}$ (=2/5) が $\overline{3}+\overline{15}$ と書けることがわかるので,これを用いて上式を整理すれば,
$$\overline{3}+\overline{10}+(\overline{15}+\overline{15})+\overline{25}+\overline{30}$$
となる.さらに表から,$\overline{15}+\overline{15}$(=2/15) が $\overline{10}+\overline{30}$ で置きかえられることがわかるので,
$$\overline{3}+(\overline{10}+\overline{10})+\overline{25}+(\overline{30}+\overline{30})$$
となる.$\overline{10}+\overline{10}$(=2/10) も $\overline{30}+\overline{30}$(=2/30) も表には出ていないが,古代エジプトの書記たちには,これらが,$\overline{5}$ と $\overline{15}$ だということがすぐにわかったので,最終的な結果として,
$$\overline{3}+\overline{5}+\overline{15}+\overline{25}$$
を得ることができた.現代風の書き方をすれば,
$$\frac{1}{3}+\frac{1}{5}+\frac{1}{15}+\frac{1}{25}=\frac{25+15+5+3}{75}=\frac{48}{75}=\frac{16}{25}$$
となるから,(a) の計算結果と一致している.

表1.2には,ある種の定型的なパターンがみられる[5].たとえば,分母が3の倍数の場合には,
$$\frac{2}{3k}=\overline{2k}+\overline{6k}$$
というパターンがある.しかし古代エジプト人は,どんなパターンを用いたのかを,自身では語ってはいない.それでも,表1.2のような計算をしていることからしても,彼らがパターンを用いたことがうかがえる.

---

[5] van der Waerden (1975) は,そのようなパターンのいくつかについて論じている.

割り算

古代エジプト人は，自然数 m を自然数 n で割るのに，m に $1/n$ を掛けた．その掛け算には，表 1.1(a) にあるような 2 倍にするアルゴリズムを用いたのだが，2 倍にする計算をすれば，単位分数の 2 倍が出てくるから，これを標準のエジプト式分数になおすには，やはり，表 1.2 が必要になる．

たとえば表 1.3 には，5 割る 7 が，この方法では，どのようになるのかが示してある．$5 \div 7$ の，単位分数の和による表示は，すでに (1.1) 式でみた通りであるが，表 1.3 から，掛け算のアルゴリズムを使って $5 \div 7$ を計算するエジプト人のやり方が想像できる．

表 1.3(b) には，$28 \div 13$ を "2 倍にする操作の繰り返し" で求める方法が示されている．これは，エジプトの書記でも，新米ならばやったかもしれないよ

表 1.3 2 倍を繰り返す方法による，(a) $5 \div 7$ および (b) $28 \div 13$ の計算 [ ] 内の数は表 1.2 から得られたもの．

(a)

*1	$5 \div 7 = \bar{2} + \bar{7} + \overline{14}$
*1	$\bar{7}$
2	$2 \cdot \bar{7} = [\bar{4} + \overline{28}]$
*4	$\bar{2} + \overline{14}$
$5 = 1 + 4$	$\bar{7} + \bar{2} + \overline{14}$

(b)

	$28 \div 13 = 2 + 2 \cdot \overline{13} = 2 + [\bar{8} + \overline{52} + \overline{104}]$
1	$\overline{13}$
2	$2 \cdot \overline{13} = [\bar{8} + \overline{52} + \overline{104}]$
*4	$2 \cdot \bar{8} + 2 \cdot \overline{52} + 2 \cdot \overline{104} = \bar{4} + \overline{26} + \overline{52}$
*8	$2 \cdot \bar{4} + 2 \cdot \overline{26} + 2 \cdot \overline{52} = \bar{2} + \overline{13} + \overline{26}$
*16	$2 \cdot \bar{2} + 2 \cdot \overline{13} + 2 \cdot \overline{26} = 1 + [\bar{8} + \overline{52} + \overline{104}] + \overline{13}$
28	$(\bar{4} + \overline{26} + \overline{52}) + (\bar{2} + \overline{13} + \overline{26}) + (1 + \bar{8} + \overline{13} + \overline{52} + \overline{104})$
	$= 1 + \bar{2} + \bar{4} + \bar{8} + 2 \cdot \overline{13} + 2 \cdot \overline{26} + 2 \cdot \overline{52} + \overline{104}$
	$= 1 + \bar{2} + \bar{4} + \bar{8} + [\bar{8} + \overline{52} + \overline{104}] + \overline{13} + \overline{26} + \overline{104}$
	$= 1 + (\bar{2} + \bar{4} + \bar{8} + \bar{8}) + \overline{13} + \overline{26} + \overline{52} + 2 \cdot \overline{104}$
	$= 1 + 1 + \overline{13} + \overline{26} + 2 \cdot \overline{52}$
	$= 2 + \overline{13} + \overline{26} + \overline{26}$
	$= 2 + 2 \cdot \overline{13} = 2 + [\bar{8} + \overline{52} + \overline{104}]$

うなやり方である．ただこれは，表1.2を使って2倍にする計算のやり方を説明するだけのもので，推奨できるやり方というわけではない．熟達した書記になれば，たぶん，まず仮分数を真分数（$28 \div 13 = 2\frac{2}{13}$）に書きかえ，表1.2から $2 \cdot \overline{13} = \overline{8} + \overline{52} + \overline{104}$ という関係を知って，これを用いたものと思われる．新米のやり方だと，2倍する操作の繰り返しを真正直にやるので，正しい答に到達するまでにずっと複雑な計算が必要になる．

すでに述べたように，1つの分数の，単位分数の和による表示は1通りとは限らない．たとえば，

$$\frac{5}{7} = \overline{2} + \overline{7} + \overline{14} = \overline{2} + \overline{5} + \overline{70} = \overline{3} + \overline{4} + \overline{8} + \overline{168}$$

のような複数の表示が可能なこともある．しかしそもそも，単位分数の和による表現というものが，少なくとも1つは存在するということが保証されているのであろうか？　次では，

問 1.1 どのような真分数でも，相異なる単位分数の和として表現できるだろうか？

という問題に答えることにする．

■ 欲張り算法

問1.1に対する答はイエスである．これを最初に示したのが，ピサのレオナルド（フィボナッチ）の「算盤の書」（Liber abaci, 1202）である．彼は，今日では〈欲張り算法（greedy algorithm）〉と呼ばれる方法で，どのような真分数でも，相異なる単位分数の和として表されることを示した．次の例をみれば，この算法がなぜ〈欲張り〉と呼ばれるのかがわかるだろう．

例題 1.3 分数7/213を単位分数の和として表せ．

【解】 まず，7/213を超えない最大の単位分数を求める（欲張りだから〈最大の〉単位分数をとる）．$213/7 = 30.4...$ であるから，7/213は1/31と1/30の間にある．だから，求める単位分数は1/31である．7/213から1/31を差し引けば，

$$\frac{7}{213} - \frac{1}{31} = \frac{31 \times 7 - 213}{213 \times 31} = \frac{4}{6,603} \tag{1.5}$$

となる．そこで，もう一度欲張りになって，4/6,603 を超えない最大の単位分数を探す．6,603/4＝1,650.75 であるから，求める単位分数は 1/1,651 である．そこで，

$$\frac{4}{6,603} - \frac{1}{1,651} = \frac{4 \times 1,651 - 6,603}{6,603 \times 1,651} = \frac{6,604 - 6,603}{10,901,553} = \frac{1}{10,901,553} \quad (1.6)$$

したがって，

$$\frac{7}{213} = \overline{31} + \overline{1,651} + \overline{10,901,553}$$

を得る．

これで，欲張り算法が，この特別の場合に限っていえば，うまくいくことが示された．しかし，これが〈つねに〉うまくいくことを示すにはどうしたらよいだろうか？ 上の例では，分母として恐ろしげなほど大きな数が出てくるが，それでも，太字で示されている分子の方をみれば，7→4→1 と小さくなっていくことがわかる（(1.5) 式における 7 と 4,(1.6) 式における 4 と 1）．欲張り算法がいつもうまくいくことを示すには，これが決定的な鍵となる．つまり，分子は自然数であるから，それが，順に小さくなるのであれば，最終的には，〈最小の〉自然数 1 に到達するはずである．次の定理を理解するには，代数的な細部に注意を払う必要があるが，エレガントな証明なので，読者もスッキリとした気分になって報われることと思う．

【命題 1.1】 〈$r = p/q$ を真分数（すなわち，$p/q < 1$）としよう．そのときには，(a) r がすでに単位分数になっているか，あるいは，(b) 欲張り算法の手順を 1 回行うと，分子が p より小さい自然数であるような分数が得られる．〉

［証明］ r が単位分数でないものとしよう．この場合には，r が $1/t$ と $1/(t-1)$ の間に挟まれるような（1 よりも大きい）自然数 t が存在しなければならない．これを代数的に書けば，

$$\frac{1}{t} < \frac{p}{q} < \frac{1}{t-1} \quad (1.7)$$

となる．

この式の中で，第 2 の不等式から，$pt - p < q$ が成立することに注意しよう．

この関係式の両辺に p を加え, q を引けば,

$$pt - q < p \tag{1.8}$$

が得られる.

　ここで, 証明すべきことを確認しておこう. すなわち, 証明しなければならないのは, $p/q - 1/t$ を 1 つの分数として表すとき, 分子が p よりも, ある自然数の分だけ小さくなっていることである. (1.7) 式の第 1 の不等式を公分母 qt によって通分すれば,

$$\frac{p}{q} - \frac{1}{t} = \frac{pt - q}{qt} > 0$$

を得る. しかし, $pt - q$ は正の値であって, (1.8) 式によれば p よりも小さい. したがって, 命題が証明されたことになる. ∎

　そこで, 問 1.1 に対してイエスという答を出すことができる. すなわち, 任意の真分数から出発して, 欲張り算法を繰り返せば, 最終的には単位分数が得られる. したがって, もとの分数は, 有限回の欲張り算法によって得られた単位分数の和に等しい.

　与えられた真分数は, 欲張り算法によって, 相異なる単位分数の和として表される. しかも, その表示はただ〈1 通り〉である. ところで, 表 1.2 についていえば, その単位分数表示は, 欲張り算法によるものばかりではない. 実際, たとえば, $2/(2n-1)$, $n = 2, 3, \ldots$ を欲張り算法によって単位分数表示すれば, 次の式が示すように, 和を構成する単位分数は 2 個にすぎない.

$$\frac{2}{2n-1} = \frac{(2n-1)+1}{n(2n-1)} = \frac{1}{n} + \frac{1}{n(2n-1)}$$

しかし, 表 1.2 をみると, この式にしたがっているのは, 2/3, 2/5, 2/7, 2/11 および 2/23 だけであり, 他はどれも欲張り算法によるものではない.

　一般に, 反復アルゴリズムにおいて, 各ステップごとに最大化を試みるものを〈欲張り算法〉という. 欲張り算法には, (命題 1.1 が示すように) うまくいくものもあるが, うまくいかないものもある. チェスでも (人生でもそうだが) ポーン (歩) をとるばかりで, 他の目標を見失うのは賢明なことではない.

■バビロニア人と 60 進法

　分数を表すもう 1 つの方法としては，古代バビロニア人によるものがある．バビロニアの数の表記法は，現代の 10 進法と同様のものではあるが，基数として，10 ではなく 60 が用いられていた．すなわち，10 進法ではなく，〈60 進法〉である．60 進法は，いわば，次の例のような数の表記法である．

$$11, 0, 21 ; 12, 45 = 11 \cdot 60^2 + 0 \cdot 60 + 21 + \frac{12}{60} + \frac{45}{60^2}$$

ここでは，","で桁を，";"で〈整数部〉と分数部を分ける小数点を表している．こういう書き方をすれば，現代のわれわれにはわかりやすいが，これでは，バビロニア人をもちあげすぎてしまうきらいがある．というのも，当時のバビロニアでは"0"という表記法が知られていなかったからである．

　今日でも，われわれは，時間を測るのにバビロニアの 60 進法を継承している．すなわち，1 時間は 60 分であるし，1 分は 60 秒である．また，角度の測定にも，分とか秒という 60 進法による分数単位が用いられている．60 進法は古代ギリシャでも用いられ，ヨーロッパでも，16 世紀に 10 進法が導入されるまでは，60 進法が用いられていたのである．

■60 進法小数

　10 進法で 1/3 を表記すると，0.333...などという，何ともやっかいな無限小数になってしまう．60 進法はこの点で優れていて，0 ; 20 という，有限桁の，ずっと簡単な形で表される．60 進法の基数 60 の〈素因数分解〉は $2^2 \cdot 3 \cdot 5$ である．2, 3, および 5 以外の〈素数〉で割り切れない自然数を〈正則〉60 進数という．自然数のうちで，逆数が〈有限桁〉の 60 進小数で書けるのは，この正則 60 進数だけである．たとえば，54 という数は $54 = 2 \cdot 3^3$ と素因数分解できるから，正則 60 進数の一つであり，1/54 は 60 進法で書けば，0 ; 1, 6, 40 と有限桁で書ける．このことは，次の計算によって確かめられる．

$$0;1,6,40 = \frac{1}{60} + \frac{6}{60^2} + \frac{40}{60^3} = \frac{60^2 + 6 \cdot 60 + 40}{60^3} = \frac{4,000}{216,000} = \frac{1}{54}$$

　一方において，60 進法では，掛け算表が 10 進法のものよりウンと大きくな

るという欠点がある．10進法の場合には，9×9までの掛け算表は，45個の積を覚えておけばよいのだが，60進法による算術の場合には，59×59までの掛け算表の1,770個の内容を知らなくてはならない．とはいうものの，60進法の掛け算表をマスターしておけば，計算は10進法よりもずっと速くできるようになる．

バビロニアのくさび形文字の書字板には，数値計算を記したものが少なくない．ピュタゴラス（Pythagoras, 前560?-480?）よりもずっと以前に，ピュタゴラスの定理を知っていたことを示す表もある．分数の計算を容易にするため，バビロニア人は（たとえば，表1.4のような）正則60進数の逆数の表を用いた．表1.4の使い方のうちでも重要なのは，自然数 n による割り算を $1/n$ との掛け算に置きかえる場合であった．掛け算のやり方は，前にも述べた〈ロシア農民の掛け算〉と同様の手順によるものであった．

前5世紀のペリクレス時代は，古典ギリシャの"黄金期"といわれる時代であったが，この時代のアテネの数学者は，数値計算についてバビロニア人を継承することはなく，やっかいなエジプト式単位分数にこだわっていたのである．しかしながら，時代が下ると，アレクサンドリアで活動していたギリシャの数学者たち，とくにクラウディウス・プトレマイオス（Claudius Ptolemaios, 2世紀頃）は60進法を用いている．

ピサのレオナルド（フィボナッチ）はエジプト式単位分数に関する（命題

表 1.4 この表の内容は，バビロニアのくさび形文字の書字板から採られたものであるが，便宜上，今日の記数法を用いて示した．

1から81までの正則60進法の逆数			
$1/2 = 0;30$	$1/16 = 0;3,45$	$1/45$	$=0;1,20$
$1/3 = 0;20$	$1/18 = 0;3,20$	$1/48$	$=0;1,15$
$1/4 = 0;15$	$1/20 = 0;3$	$1/50$	$=0;1,12$
$1/5 = 0;12$	$1/24 = 0;2,30$	$1/54$	$=0;1,6,40$
$1/6 = 0;10$	$1/25 = 0;2,24$	$1/60 = 1/1,0;$	$=0;1$
$1/8 = 0;7,30$	$1/27 = 0;2,13,20$	$1/64 = 1/1,4;$	$=0;0,56,15$
$1/9 = 0;6,40$	$1/30 = 0;2$	$1/72 = 1/1,12;$	$=0;0,50$
$1/10 = 0;6$	$1/32 = 0;1,52,30$	$1/75 = 1/1,15;$	$=0;0,48$
$1/12 = 0;5$	$1/36 = 0;1,40$	$1/80 = 1/1,20;$	$=0;0,45$
$1/15 = 0;4$	$1/40 = 0;1,30$	$1/81 = 1/1,21;$	$=0;0,44,26,40$

1.1に述べた）欲張り算法を最初に証明した人だが，10進法についても，また，60進法についても熟知していた．フィボナッチは，60進法を用いて，ある3次方程式を解き，10進法でいえば，9桁までの正確な解を与えている．

エジプト式単位分数は，すでにずっと以前から，まともな計算法としては使われなくなっている．今日では，変わった，物珍しい問題の"ネタ"になっているだけである．

一方において，現代のわれわれは，基数として60のかわりに10を用いてはいるものの，バビロニア式の60進桁取り記数法の直接の恩恵を受けているのである．この記数法には，ゼロを用いるという微調整の必要があっただけである．

古代ギリシャの数学者の興味は，計算よりも理論にあった．しかしながら，彼らが導入した数学的証明という概念こそが，今日でも，数学全般にわたって，正当性を測る物差しになっている．次の章では，ギリシャ人が比率や割合という概念によって，新たに，数の体系の理解を深めていったことを述べよう．

第 2 章

ギリシャ人の贈り物

―ギリシャ人と比，有理数の〈すき間〉―

> ソクラテス：メノンよ，そなたはこの少年をどう思うのかね？　これらの答えはどれも彼自身の頭から出たものではないのかね？
> メノン：はい，すべては彼自身のものです．
> ソクラテス：にもかかわらず，われわれがいまいっているように，彼は知ってはいなかったのだな？
> メノン：その通りです．
> ソクラテス：それでも，彼のこれらの考えは，彼が，もともとは，彼の中にもっていたものだというのだな——それとも？
> メノン：いえ，その通りです．
> ソクラテス：それでは，知らないはずのこの少年は，それでも自分が知らないことについて正しい考えをもちうるのだね？
> メノン：そうです．
> ——プラトン（Plato，前 427-347），
> 「メノン」（Meno）（Benjamin Jowett 訳）

　人類を，今日もなお続いている科学的発見の旅に旅立たせてくれたのは，古代ギリシャ人である．数学に関していえば，古代のギリシャ人が与えてくれた最大の贈り物は〈証明〉という概念である．この章では，ギリシャ流の厳密な数学的思考に関する基本的業績について述べよう．すなわち，比と比例の両面にわたる理論的展開である．これは，整数と整数の間のギャップを埋める巧妙な方法である．

　ギリシャ人の視野は，日常生活に必要な範囲で，数えたり測ったりすることをはるかに超えたものであった．ユークリッド（Euclid，前 295 ? 頃活躍）の「原論」（Elements）は，彼らの発見の多くを伝えている．ギリシャの数学に関して，このような記録が今日まで残っていることは幸いなことだが，ギリシャ数学のはじまりについてはあまりよくわかっていない．ミレトス（Miletus）

のターレス（Thales，前640？-546？）とサモス（Samos）のピュタゴラス（Pythagoras，前560？-480？）の2人がギリシャ最初の数学者といわれている．ミレトスは小アジア（現トルコ）のエーゲ海に面した都市であり，サモスもやはりエーゲ海に浮かぶギリシャの都市であった．2人ともメソポタミアやエジプトを旅して知識をもち帰ったといわれているが，残念なことに，これには，あの優れたバビロニア式60進法や桁取り記数法は含まれていなかった．しかし，彼らが幾何学を，演繹的な科学に作り上げたことは，それにもあまりある業績であった．――これこそが，メソポタミアやエジプトには比類するもののない，ギリシャ独自の貢献であった．

　ターレスは，幾何学を論理的演繹の連鎖，すなわち，公理から命題へのプロセスと考えた最初の人物といわれている．ターレスは，いくつかの命題を証明したということではあるが，これを今日に伝えるのは，ターレスから数百年を経た時代の注釈者にすぎない．

　ターレスにせよ，ピュタゴラスにせよ，自分たちの発見を書き物として残したわけではない．ただ，ピュタゴラスの教えについては，その教団によって後世に伝えられている．実際，ピュタゴラスは当時，大ギリシャ（Magna Graecia[*1]）と呼ばれていたイタリアの南岸にあるクロトン（Croton）に秘密結社を設立したのである．

　このピュタゴラス教団の団員は，カルト信者であると同時に科学者であった．すなわち，一方において数に神秘的な意味を認める秘密結社の団員であり，他方においては，数学的事実を発見し，〈数学的証明〉の概念の普及につとめたのである．彼らが研究したのは，とくに，奇偶性，可除性，素数など整数の性質に関することがらであり，ギリシャ人は数学のこの分野を〈算術〉と呼んだ．今日の〈数論〉である．

　"万物は数なり"というのがピュタゴラス教団のモットーであったのだが，これに続くギリシャの数学者たちの発見には，むしろ，幾何学的なことの方が多かった．彼らは，幾何学的な大きさと，数量的な大きさを統合して考えることには気が進まなかったようで，このことが，ギリシャ数学の進歩にとっては

[*1] 訳注：南イタリアは前4世紀からこのように呼ばれるようになっていた．

障害となった.この章では,比と比例の概念が,これら2者の間をつなぐ細い線になっていたのをみることにしよう.

それ以後のギリシャの数学者は,いわば,哲人科学者で,真理を探求し,これを人に分け与えた人々であり,その偉大な業績は幾何学におけるものであった.彼らは,幾何学と算術を峻別した.そこでとくに,算術的な大きさ(数)と幾何学的な大きさ(長さや面積や体積)がどのように区別されたのかをみることにしよう.アリストテレス(Aristotle,前384-322)の「分析論後書」(Posterior Analytics)には次のように書かれている.

> 公理というものは,証明の前提となるもので,2つ,あるいはそれ以上の科学において同一のものでありうる.しかし,算術と幾何学のように,2つの相異なる分科の場合には,量が数で表されない限り,量に関する性質の証明に算術的方法を用いることはできない.

幾何学的な量と,算術的な量をこのように区別することは,現代のわれわれには,不自然に思える.というのも,これらは,近代的な〈実数の体系〉においては何の区別もされないからである.それにもかかわらず,われわれは,数学術語上,すでに廃れてしまったギリシャ以来の名残を,今日まで引きずっているのである.たとえば,〈幾何数列(等比数列)〉と〈算術数列(等差数列)〉などは,その例である.

実数論は,今日の数学教育の基礎をなすものではあるが,実数の体系ということが,明示的に述べられることは少ない.これが,講義内容として正面から扱われるのは,大学レベルの2,3の課程に限られている.また,幾何学の問題を取り扱うにも,われわれの場合には,古代ギリシャとは異なり,幾何学的な量とか,算術的な量などと区別したりはせずに,数として自由に取り扱う.いいかえれば,幾何学は今日,完全に〈算術化〉されているのである.

ドイツの哲学者ゲオルグ・ウィルヘルム・フリードリヒ・ヘーゲル(Georg Wilhelm Friedrich Hegel, 1770-1831)によれば,歴史というものは,〈テーゼ(定立)〉,〈アンチテーゼ(反定立)〉および〈ジンテーゼ(綜合)〉,つまり無知から始まり,軋轢と対立を経て解決にいたるプロセスのサイクルをたどって進歩するものだということである.数の概念の歴史においても,このプロセスをみることができる.前の章では,エジプトやバビロニアの,洗練されて

こそいないが,実際的な数概念がどのようなものであったのかを述べた(テーゼ).本章では,ギリシャ人たちが,どのようにして新しい概念を導入したのかをみることにしよう(アンチテーゼ).そして,これが近代的な実数概念を導く予兆となるのである(ジンテーゼ).

異端の論

 ピュタゴラス教団では,教団の秘密を漏らした者を処罰したという.これは,この秘密結社に対して疑念をもつ外部の者たちによって広められた誹謗中傷のたぐいかもしれない.真実か,また,伝説かはわからないが,メタポント*²(Metapontum)のヒッパソス(Hippasus)は,"正方形の辺と対角線は互いに他を測ることができない関係(通約不可能)にある."ということの証明を他に漏らしたとして,ピュタゴラス教徒によって海で溺死させられたということである.この証明については,後ほどくわしく論ずることにしよう.この証明は,次の3つの理由から,数学にとって重要な一里塚ともいえるものである.

1. この証明は,論理的にみてきわめて美しい.数学的エレガンスの範となるべきものである.
2. 古代ギリシャの数学者の関心の中心がどこにあったのかを明確にしている.ギリシャ人自身が,〈測れない〉ものの存在を,彼らの数学の基礎を危うくしているものだと気づいていたか否かには疑問があるが,いまわれわれが振り返ってみると,仮に,気づいていなかったとしても,これこそがギリシャ数学にとっての分岐点であった.そして,ギリシャ人がこれに対して,どのような解決法を見いだしたのかが興味深い点である.
3. これは,〈数学的(!)証明〉の最古の例の一つである.ギリシャ人は,数学的真実というものが,権威などで確立されるものでなく,それ自身独立した,納得のいく論証によって確立されるものだということを

---

*² 訳注:イタリア南部の古代都市.

最初に理解した人々である．すなわち，論理的な議論を辛抱強く追いさえすれば，誰にでも，それが真実だと理解できるのである．この見解こそが，本章のはじめのエピグラフにあるプラトンの「メノン」からの引用であり，そこでは，教育のまったくない奴隷の少年が幾何の証明をしているのだ．

実際，ソクラテスが本章の最初の引用に先立つ部分で述べているのは，ピュタゴラスの定理の特別な場合であるが，これは，われわれの議論にも関連がある．図 2.1 の大きな正方形は 8 個の合同な二等辺直角三角形から成り立っており，四つに区切られた正方形の一つ一つは，それぞれ，2 個の三角形から構成されている．また，斜めの正方形の辺は，影をつけた正方形の対角線である．

そこで，影をつけた正方形の辺と対角線を，それぞれ，a と c で表すことにすれば，

$$2a^2 = c^2 \qquad (2.1)$$

という関係が得られる．

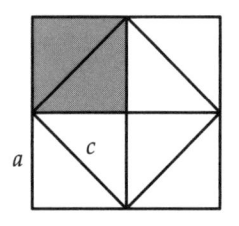

図 2.1

a や c の数値的な値を得ようとすれば，フィートとか，ミリメートルとか，オングストロームといった測定単位が必要になる．このような測定単位が十分小さいものであれば，正方形の辺も対角線も，両方とも，その整数倍になると思われるかもしれない．しかし，正しくはそうはならない．ヒッパソスが，その罪状としてあげられたのは，まさに，〈この測定単位をどのように小さくとっても，a や c の両方ともが整数になることはない〉という"論理上のスキャンダル"を他に漏らしたというものであった．

【命題 2.1】〈正方形の辺の長さと，対角線の長さがともに整数であることはできない．〉

［証明］ a および c を，(2.1) 式を満たす整数としよう．まず，共通因子を消

去しよう．k を a と c の最大公約数とすれば，$a=kA$, $c=kC$ となる整数 A および C が存在する．したがって，(2.1) 式から $2k^2A^2=k^2C^2$, すなわち，
$$2A^2=C^2 \qquad (2.2)$$
という関係が得られる．ここに，A および C は共通因子をもたない．この (2.2) 式からすれば，C は偶数である．ところで，偶数の 2 乗は 4 で割り切れねばならない．だから，(2.2) 式の右辺は 4 で割り切れる．

C は偶数であり，A と C の共通因子は存在しないのだから，A は奇数でなければならないが，奇数の 2 乗はやはり奇数である．よって，方程式 (2.2) の左辺は 2 では割り切れるが，4 では割り切れない．

証明は，これで終わりである．(2.2) 式の右辺は 4 で割り切れるが，左辺は割り切れないという矛盾は，(2.1) 式が成立するという仮定に間違いがあったことを示している．∎

命題 2.1 は，現代数学の言葉でいえば，$\sqrt{2}$ が〈無理数〉だということと等価である．

図 2.2 区間 $\mathcal{I}$ および $\mathcal{J}$ は単位区間 $\mathcal{U}$ に関して通約可能である．実際，$\mathcal{U}$ をコピーしたものを重ならないようにつなげば，ちょうど 4 本でピッタリ $\mathcal{I}$ を覆うことができる．5 本なら，$\mathcal{J}$ をピッタリと覆うことができる．すなわち，$\mathcal{I}=4\mathcal{U}$ および $\mathcal{J}=5\mathcal{U}$ である．

幾何学では，区間 $\mathcal{I}$ と $\mathcal{J}$ が "共通の単位区間の整数倍として測れる" とき，〈通約可能〉であるという．いいかえれば，単位区間 $\mathcal{U}$ が存在して，これをコピーして，重ならないようにつなげると，整数個で，ピッタリと $\mathcal{I}$ や $\mathcal{J}$ を覆うことができるということである．図 2.2 では，$\mathcal{I}$ と $\mathcal{J}$ が，それぞれ，4 個および 5 個の単位区間を，重ならないようにつないだものでピッタリと覆われている．この場合には，$\mathcal{I}$ と $\mathcal{J}$ の比は 4:5 である．われわれは，この比を〈分数〉4/5 と解釈するのである．

命題 2.1 によれば，正方形の辺と対角線は通約不可能ということになる．すなわち，辺の対角線に対する比は 2 つの整数の比にはならない．したがって，幾何学的な大きさを表すには，数値的な大きさでは不十分だということになる．そこで，幾何学的な比に関する理論が必要になる．

ヒッパソスが殺されることになった理由はいったい何だったのだろうか？
それは，ピュタゴラス教徒が深く信じていた"万物は数なり"という教義を否
定することが，重大な瀆聖とされたからだといわれている．実際，命題 2.1
は，数，もっと正確にいえば，〈自然数〉は正方形の対角線というような，幾
何学上のごく簡単な問題を解決するのにも無力だということを示しているよう
にみえる．しかし，例題 2.2 の議論をみればわかるように，自然数を用いて
も，一見パラドックスのようなこの問題を，〈相互差引き〉という操作によっ
て説明することができる．この〈相互差引き (anthyphrairesis)〉という語は
もともとギリシャ語で，〈前後に引き算をする〉という意味である．ピュタゴ
ラス教徒が，この論理的操作を理解していれば，ヒッパソスの減刑につながっ
たかもしれないが，彼らが〈相互差引き〉という論理的操作を理解していなか
ったのも，さほど驚くにはあたらない．実際，〈相互差引き〉は，今日でも，と
くに〈連分数理論〉[1]において研究が続けられている，巧緻で，美しい概念な
のである．

量と比と比例

　通約不可能な量の存在が，古代ギリシャの数学の根底を揺るがすものだとい
うことを，ギリシャ人自身が気づいていたか否かはともかく，彼らは，とにか
く，幾何学的な量と算術的な量を区別し，〈比と比例〉の理論を展開すること
によってこの"論理的スキャンダル"を解決した．比と比例という語は，通
常，どちらも同じような意味で使われているが，ここでは，注意して区別する
ことにしよう．つまり，比が等しいことを〈比例している〉というのである．
比と比例というギリシャ人の概念は，今日，われわれが用いている〈実数〉と
いう概念にきわめて近い．

　比と比例は，〈量〉に関する概念である．今日のわれわれは，量というもの
はすべて数値だと確信しているが，ギリシャ人の考え方を理解するためには，
しばらくは我慢して，これを抑えておくことが必要である．ギリシャ人の考え

---

[1] たとえば，Hardy and Wright (1979) 参照．

では，量には，いくつかの種類があって，種類が違えば，比較不可能なのである．また，ギリシャ人はゼロとか，負とか，無限の量という概念をもっていなかったのである．

ユークリッドの「原論」の第Ｖ巻は，内容的には，ユードクソス（Eudoxos，前400？-347？）によるものと考えられているが，この書には，量と比に関して次のようなくだりがみられる．

　定義3．　比とは，2つの同種類の量の間の関係である．
　定義4．　2つの量は，どちらをとっても，何倍かすると，他を超えるとき，互いに比をもつという．

上の定義は，お膳立てとして，比というものが，"2つの量に依存する何か"であることを述べているだけであり，比が，そもそも何なのかをわからせてはくれない．これらの定義は，ギリシャ人が，その比と比例の理論において強調したいと考えていた"量がもつ性質"という考え方を示している．

定義3においては，"〈同種の〉量"ということが言及されている．算術的な量とは〈数〉である．もっと具体的にいえば，自然数である．そして，幾何学的な量とは，〈長さ〉や，〈面積〉や，〈体積〉である．量の種類はこれだけではない．たとえば，アルキメデス（Archimedes，前287-212）は，さらに，〈積率〉を幾何学的な量の一つとして用いている．"2つの量が同種"だというのは，2つが，ともに，長さであったり，面積であったり，体積であったり，などということである．

量には順序づけがなされる．すなわち，2つの同種の量の間には，両者が等しいか，一方が他方より大きいという，いずれかの関係がかならず成立する．さらに，これらの量の間の，古代ギリシャ的な意味での算術的操作がどのようなものであるのかもわかる．しかし，この算術的操作も数値的な量の間でならば明らかであるが，幾何学的な量の場合となると説明が必要になる．

1. 同種の量の足し算：　2つの幾何学的量の和は，それらの幾何学的図形をくっつけた図形の幾何学的量である．
2. 幾何学的量の自然数倍：　定義4によれば，幾何学的量の2倍や，3倍や，整数倍も同種の幾何学的量になる．いいかえれば，A が幾何学的量であり，n が自然数ならば，nA は A の n 倍という量として意味を

もつ．たとえば，$2\mathcal{A}$ は $\mathcal{A}$ という量をもつ図形の2つのコピーをつないだ図形の幾何学的量ということになる．

3. 同種のものの引き算——大きいものから小さいものを引く： ある幾何学的量 $\mathcal{A}$ が $\mathcal{B}$ よりも大きいとき，$\mathcal{A}-\mathcal{B}$ というのは，$\mathcal{A}$ という量をもつ幾何学的な〈もの〉から $\mathcal{B}$ という同種の量の幾何学的な〈もの〉を取り除いた〈もの〉の幾何学的量である．

定義4を，〈アルキメデスの公理〉として知られている形式で，もう一度掲げておくことにしよう．

【公理 2.1】（アルキメデスの公理）　〈$\mathcal{A}$ が $\mathcal{B}$ と同種の量であり，$\mathcal{A}$ の方が $\mathcal{B}$ より大きいときには，$\mathcal{B}$ を十分大きく倍量すると，$\mathcal{A}$ よりも大きくすることができる．すなわち，$\mathcal{B}$ の n 倍が $\mathcal{A}$ より大きくなる（$n\mathcal{B}>\mathcal{A}$）ような自然数 n が存在する．〉

2つの量 $\mathcal{A}$ および $\mathcal{B}$ の比は $\mathcal{A}:\mathcal{B}$ と書かれる．比 $\mathcal{A}:\mathcal{B}$ は，商 $\mathcal{A}/\mathcal{B}$ という近代的な表現に近いものだが，古代ギリシャ流に比というものに意味を与えるには，次の2つの方法がある．

方法1．　ユードクソスの方法：　ある1つの比について，それが，他の比とくらべて，等しいか大きいかの意味を定義する[2]．この方法ならば，次でもみるように，比 $\mathcal{A}:\mathcal{B}$ というものが，そもそも何であるのかは定義しなくてもよい．幾何学においては，直線や点の場合と同じく，比というものを未定義のままにしておくことができる．

方法2．　相互差引き：　$\mathcal{A}$ および $\mathcal{B}$ が数値的な量でない場合にも，$\mathcal{A}:\mathcal{B}$ を自然数の場合のように定義する．どのようにするのかは，あとで示すことにしよう．

上の方法1と方法2は，互いに矛盾しているわけではない．ユークリッドの「原論」第V巻は方法1にもとづくものであるが，これを文字通り正確に読めば，方法2の役割も理解することができる．しかしながら，書かれた物としての記録の存在とは裏腹に，ギリシャ人は，むしろ方法2によることの方が多か

---

[2] 近代的な表現をすれば，比を〈同値類〉として定義しようということである．

ったと，根拠は間接的ながら，そう確信している学者もいる[3]．

そこで，これらの2つの方法をもう少しくわしくみてみることにしよう．

■ 方法1．——ユードクソスの比例理論

ユークリッドの「原論」第Ⅴ巻には，ユードクソスの比例理論が述べられている．この理論では，数量的な量，幾何学的な量の両方を取り扱っている．比例というのは，2つの比が等しいことをいう．この比例を表す伝統的な表現法は $\mathcal{A}:\mathcal{B}::\mathcal{R}:\mathcal{S}$ であるが，これは，$\mathcal{A}:\mathcal{B}=\mathcal{R}:\mathcal{S}$ という式と同じ意味であり，ここに，$\mathcal{A}$ と $\mathcal{S}$ は〈外項〉，$\mathcal{B}$ と $\mathcal{R}$ は〈中項〉と呼ばれる．ユードクソスの理論では，量を一般的に扱っているが，ここでは，議論が抽象的になりすぎないように，線分の場合を考えることにしよう．

【定義 2.1】（ユードクソス） $\mathcal{I}$, $\mathcal{J}$, $\mathcal{K}$ および $\mathcal{L}$ を線分としよう．任意に選んだ自然数の対 m および n について，次の3つの可能性のうちの1つだけが成立する場合に，比 $\mathcal{I}:\mathcal{J}$ と比 $\mathcal{K}:\mathcal{L}$ が等しいという．

1. $m\mathcal{I}<n\mathcal{J}$ でありかつ $m\mathcal{K}<n\mathcal{L}$
2. $m\mathcal{I}=n\mathcal{J}$ でありかつ $m\mathcal{K}=n\mathcal{L}$
3. $m\mathcal{I}>n\mathcal{J}$ でありかつ $m\mathcal{K}>n\mathcal{L}$

ユークリッドの「原論」第Ⅴ巻では，この定義2.1は次のように述べられている．

> 定義5．第2の量に対する第1の量の比と，第4の量に対する第3の量に対する比は，次のような場合に等しいといわれる．すなわち，第1の量および第3の量を何倍であれ〈等倍〉し，また，第2の量および第4の量を何倍であれ等倍するとき，前者と後者の間の大小関係が変わらない場合である．

> 定義6．量の間の比が等しいとき，これらを，比例するという．

定義2.1の意味を理解するために，とりあえず，近代的な視点に立ってみることにしよう．図2.3に示されているように，$\mathcal{I}$ と $\mathcal{J}$ を，それぞれ，ある正

---

[3] Fowler（1987）はこの説を支持している．また，van der Waerden（1975, pp. 176-177）も，やはり，古代ギリシャの数学における相互差引きの役割の重要性を支持している．

方形の対角線と辺とし，$\mathcal{K}$ と $\mathcal{L}$ を異なる正方形の対角線と辺としよう．近代的な視点に立てば，$\mathcal{I}:\mathcal{J}$ および $\mathcal{K}:\mathcal{L}$ はどちらも $\sqrt{2}$ に等しいから，$\mathcal{I}:\mathcal{J}::\mathcal{K}:\mathcal{L}$ という比例関係が成立している．さらに，

$$1.41^2 = 1.9881 < 2 < 1.42^2 = 2.0164$$

であるから，$\sqrt{2}$ が 1.41 と 1.42 の間にあることが確かめられる．

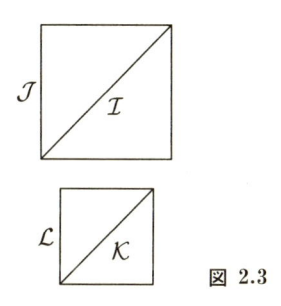

図 2.3

そこで，

$$\mathcal{I}:\mathcal{J} = \mathcal{K}:\mathcal{L} = \sqrt{2} < 1.42 = \frac{142}{100}$$

という関係から，$100\mathcal{I} < 142\mathcal{J}$ および $100\mathcal{K} < 142\mathcal{L}$ が導かれる．いいかえれば，$m = 100$，$n = 142$ とおけば，定義 2.1 における第 1 の可能性が成立する．また，一方において，

$$\mathcal{I}:\mathcal{J} = \mathcal{K}:\mathcal{L} = \sqrt{2} > 1.41 = \frac{141}{100}$$

であるから，$100\mathcal{I} > 141\mathcal{J}$ および $100\mathcal{K} > 141\mathcal{L}$ が導かれる．いいかえれば，$m = 100$，$n = 141$ とおけば，定義 2.1 における第 3 の可能性が成立する（この場合，命題 2.1 によって，$\sqrt{2}$ は無理数であるから，m と n をどのように選んでも，第 2 の可能性が成立することはない）．

ユードクソスによる比例の定義は，リヒャルト・デーデキント (Richard Dedekind, 1831-1916)[4] による実数の近代的定義と本質的に同じものである．ユードクソスにせよ，デーデキントにせよ，取り扱ったのは，ともに，〈実数 $\sqrt{2}$ というものを，自然数しか知らない頑固な懐疑論者に説明するにはどうし

---

[4] デーデキントには，独自の業績として，さらに，実数に関する完備性の概念と算法の基礎づけがあげられる．

たらよいか？〉という問題であった．この問いに対しては，"$\sqrt{2}$ というのは，かくかくしかじかの〈数〉で…"という具合に答えることはできない．懐疑論者が受け入れるのは〈自然数〉だけなのだから，このような答え方をしても循環論に陥るだけのことである．ユードクソスやデーデキントの答えは，定義 2.1 にも暗黙のうちに述べられていることだが，自然数の〈対〉ということを考え，自然数の対 m, n については，$2n^2 < m^2$ か $2n^2 \geq m^2$ のいずれか一方しか成り立たないことに着目し，自然数のこの〈2 分割そのもの〉こそが実数 $\sqrt{2}$ なのだとするものである．実数というものは，一般的に，このやり方——つまり，自然数の対のすべてを 2 つの集合に分割することによって定義される．このように，一見奇妙なやり方で実数を定義する利点は，自然数の存在を認める限り，実数の存在が確立されるという点にある．

■ 方法 2.——テアイテトスの方法

テアイテトス (Theatetus, 前 414 ? -369 ?) の著した数学の書は残っていない．しかし，ユークリッドの「原論」の第 X 巻および第 XIII 巻がテアイテトスの仕事を記述したものだと信じている学者もいる．とはいっても，これはせいぜい，ユークリッドの英知と重要性にケチをつけるための受け売りの噂程度のものにすぎない[5]．これに対して，van der Waerden (1975, p. 176) は，テアイテトスが，比について，〈相互差引き〉と呼ばれる方法による別の定義を用いたに違いないとしている．これは，第 X 巻に述べられているいくつかの定理が，ユードクソスの理論からでは導くのが難しいという理由によるものである．

公理 2.1，つまり〈アルキメデスの公理〉から出発すれば，大きい量 $\mathcal{A}$ と小さい量 $\mathcal{B}$ が与えられているとき，$\mathcal{A}$ を超えない範囲で，$\mathcal{B}$ の最大倍量が存在するはずである．これをさらに精密に述べたのが次の命題であるが，これは普通〈割り算のアルゴリズム〉[6]と呼ばれているものである．

---

[5] あるいは，〈ユークリッド・チーム〉というべきかもしれない．ユークリッドの経歴は，その生年や死亡年を含めて，何もわかっていない．また，「原論」の著者としてどのような役割を果たしたのかも不明である．

[6] 通常〈割り算のアルゴリズム〉と呼ばれてはいるものの，引き算が繰り返されるだけで，割り算はされていないのであるから，この語は不適当かもしれない．

【命題 2.2】（割り算のアルゴリズム）〈$\mathcal{A}$ と $\mathcal{B}$ が同種の量であり，$\mathcal{A}$ の方が $\mathcal{B}$ よりも大きい（$\mathcal{A}>\mathcal{B}$）としよう．そのとき，$\mathcal{B}$ の，$\mathcal{A}$ を超えない最大倍量が存在する．すなわち，$q\mathcal{B}\leq\mathcal{A}<(q+1)\mathcal{B}$ をとなるような自然数 q が存在して"商"と呼ばれる．$q\mathcal{B}\neq\mathcal{A}$ の場合には，量 $\mathcal{R}=\mathcal{A}-q\mathcal{B}$ は剰余と呼ばれる．$\mathcal{B}$ は剰余 $\mathcal{R}$ より大きい（$\mathcal{B}>\mathcal{R}$）．〉

〈相互差引き〉は，命題 2.2 で述べた割り算のアルゴリズムを反復するプロセスである．いま，同種の，2 つの量 $\mathcal{A}$ と $\mathcal{B}$ があり，$\mathcal{A}$ の方が $\mathcal{B}$ よりも大きいものとすれば，命題 2.2 により，

$$i\mathcal{B}\leq\mathcal{A}<(i+1)\mathcal{B}$$

となるような自然数 i が存在する．

$i\mathcal{B}=\mathcal{A}$ ならば，そこで反復終わり．それ以外の場合には，$\mathcal{R}=\mathcal{A}-i\mathcal{B}$ とおき，

$$j\mathcal{R}\leq\mathcal{B}<(j+1)\mathcal{R}$$

となるような j を見つける．

ここでまた，$j\mathcal{R}=\mathcal{B}$ ならば反復終わり．それ以外の場合には $\mathcal{S}=\mathcal{B}-j\mathcal{R}$ とおき，

$$k\mathcal{S}\leq\mathcal{R}<(k+1)\mathcal{S}$$

となる k を見つける，など．このような反復計算は有限回で終わるかもしれないし，無限に続くかもしれない．

この計算プロセスの結果として次のような列が得られる．

- 有限個，または無限個の，同種の量 $\mathcal{A}$, $\mathcal{B}$, $\mathcal{R}$, $\mathcal{S}$, … からなる列．ここに，$\mathcal{A}$ および $\mathcal{B}$ は 2 つの与えられた量であり，$\mathcal{R}$, $\mathcal{S}$, … は割り算のアルゴリズム（命題2.2）を次々に行った結果の剰余である．
- 有限個，または無限個の，〈部分商〉[7]と呼ばれる自然数 $i, j, k, …$ からなる列．

数列 $i, j, k, …$ は，量 $\mathcal{A}$ と $\mathcal{B}$ の相対的な大きさ，つまり，比を表している．そこで，$\mathcal{A} : \mathcal{B} = \langle i, j, k, … \rangle$ と書くことにする．別の量 $\mathcal{A}'$ と $\mathcal{B}'$ に相互差引きを繰り返し適用すると，$\mathcal{A}$ と $\mathcal{B}$ の場合とやはり同じ自然数列 $\langle i, j, k, … \rangle$

---

[7] 除法が含まれていないのにもかかわらず，〈部分商〉という語を用いるのは，これが，連分数理論における標準的用語だからである．

が得られるときには，比 $\mathcal{A}':\mathcal{B}'$ は比 $\mathcal{A}:\mathcal{B}$ に等しい（ギリシャ人ならば，比 $\mathcal{A}:\mathcal{B}$ と比 $\mathcal{A}':\mathcal{B}'$ は比例しているといい，比 $\mathcal{A}':\mathcal{B}'::\mathcal{A}:\mathcal{B}$ と書いたことだろう）．比 $\mathcal{A}:\mathcal{B}$ が $\langle i,j,k,...\rangle$ であるということは，任意の比 $\mathcal{A}:\mathcal{B}$ を自然数の列と結びつけることによって，比の概念を算術化していることになる．このことは，量 $\mathcal{A}$ および $\mathcal{B}$ が，幾何学的なものであろうと，算術的なものであろうと変わりはない．このように解釈すれば，比というものが，新種の珍獣などではなく，むしろ，われわれになじみの深い自然数にもとづいた構築物だということがわかる．

次では，相互差引きを数値的な量に対して行ってみることにしよう．

数量的な量の場合：ユークリッドの算法

相互差引きを自然数について行うことを〈ユークリッドの算法〉という．1つの例題から始めることにしよう．

例題 2.1 871 および 403 という数量について相互差引きを行ってみる．

【解】

$$871 = 2\times 403 + 65 \tag{2.3}$$

$$403 = 6\times 65 + 13 \tag{2.4}$$

$$65 = 5\times 13 \tag{2.5}$$

(2.5) 式から，13 が 65 の約数であることがわかる．(2.4) 式の右辺にある 2 つの項は，ともに，13 で割り切れるから，(2.4) 式の左辺の数 403 も 13 で割り切れる．同様にして，(2.3) 式の右辺にある 2 つの項も，ともに，13 で割り切れるから，(2.3) 式の左辺の数 871 も 13 で割り切れる．したがって，13 は 2 つの数 871 および 403 の〈公約数〉である．

さらに，13 が 871 と 403 の〈最大公約数〉であることが次のようにしてわかる．すなわち，(2.3) 式によれば，871 と 403 の公約数 d はどれも 65 の約数でもある．そこで，d は 403 と 65 の公約数であるから，(2.4) 式によれば，d は 13 の約数でもある．それゆえ，871 と 403 の公約数は，どれも，13 の約数でなければならない．ところが，すでにみた通り，13 それ自身が 871 と 403 の公約数であるから，13 は 871 と 403 の最大公約数である．

この相互差引きを用いれば，同様にして，2 つの任意の，自然数の最大公約数を求めることができる．実際，ユークリッドの「原論」の第VII巻において

は,ユークリッドの算法(つまり,自然数に対する相互差引き)は最大公約数を求める方法として導入されている[8].なお,2つの自然数の最大公約数が1であるとき,これら2つの自然数は〈互いに素〉であるといわれる.

871と403の最大公約数を求めるには,もちろん,$871=13\times67, 403=13\times31$という素因数分解を用いてもよい.しかし,この素因数分解の方法は,2つの数が小さい場合なら実行可能だが,数がきわめて大きい場合には,計算量が大きくなるので,実際上,実行不可能になる.それに対して,この相互差引き(ユークリッドの算法)ならば,数がかなり大きくなっても実行可能である.

2つの自然数に対して相互差引きを用いれば,かならず,有限回で終了する.これは,剰余(たとえば上の例における65や13)がステップごとに小さくなるが,減少する自然数の列は有限個の項しかもちえないからである.これに対して,互除法の反復を幾何学的な量に用いれば,無限回続くこともありうる.——このことについては,次で述べることにしよう.

ところで,(2.3),(2.4)および(2.5)式の計算を,もう一度,ギリシャ人の知らなかった近代的な方法で行ってみることにしよう.

$$\frac{871}{403}=2+\frac{65}{403}$$

$$\frac{403}{65}=6+\frac{13}{65}$$

$$\frac{65}{13}=5$$

これらの3つの式をつないで書けば,

$$\frac{871}{403}=2+\frac{1}{\frac{403}{65}}=2+\frac{1}{6+\frac{13}{65}}=2+\frac{1}{6+\frac{1}{5}} \qquad (2.6)$$

となる.

(2.6)式の右辺は,〈連分数〉と呼ばれる.さらにくわしくいえば,分子が

---

[8] ユークリッドの「原論」,第VII巻,命題1.〈2つの異なる数が与えられたとき,その大きい方から小さい方を順繰りに差し引くという手順を繰り返すとき,残りがなくなることなく,最後には1になるとき,はじめに与えられた2つの数は互いに素であるという.〉
命題2.〈与えられた,互いに素でない2つの数の最大公約数を求めること.〉

どれも1になっているので，〈単純〉連分数の一例である．

幾何学的な量に関する相互差引き

ユークリッドの「原論」の第Ⅹ巻では，相互差引きが，幾何学的な量に関する通約可能性および不可能性の定義として登場する[9]．ユークリッドの「原論」には，古代のギリシャ人が比の概念の〈定義〉に，この相互差引きを用いたという直接的な記述があるわけではない．しかし，テアイテトスをはじめとする前4世紀のギリシャ人の数学者たち[10]が，比の概念の定義に相互差引きを用いたとする説を，間接的な根拠にもとづくものながら，支持している学者もいる．

幾何学的な量に関しては，簡単のため，線状の量に限って考えよう．ここで，〈線状の量〉というのは線分だけから構成される図形の全長のことである．ギリシャ数学における，この種の量に関する比と比例の理論は，近代的な実数論と本質的に同じものである[11]．他の種の量については，ここでは考えないことにしよう．

ここで，正方形の対角線と辺の通約不可能性（命題2.1）の問題にもどって，1つの例題から話を始めることにしよう．

例題 2.2 正方形の対角線と辺の比を求めよ．

この比は，相互差引きによって得られる部分商の列によって定義される．

ここでは，古代の方法と近代的な方法という，2通りの解法を示すことにしよう．第1の解はFowler (1987)によるものであるが，これは，プラトンの「国家」に関する，プロクロス (Proclus, 411-485)の注釈からとったものに対する解釈だということなので，前4世紀のギリシャの数学者たちも知ってい

---

[9] ユークリッドの「原論」第Ⅹ巻，命題1.〈2つの相異なる量が与えられるとき，そのうちの大きい方から，その半分よりも大きい量を差し引き，その残りから，その量の半分よりも大きい量を差し引く．このような過程を繰り返してゆくと，残りが，最初に与えられた量のうちの小さい方よりも，小さくなるにいたる．〉
命題2.〈2つの相異なる量の小さい方を，順繰り大きい方から差し引くことを繰り返しても，どうしても余りが残ってしまうとき，2つの量は通約不可能である．〉

[10] Fowler (1987) および van der Waerden (1975) 参照．

[11] しかしながらギリシャ人は，実数の〈完備性〉を理解していなかった．さらに，ギリシャ人は，比に〈順序〉を与えていたが，比の〈算術的〉な性質については，はっきりとは理解をしていなかった．

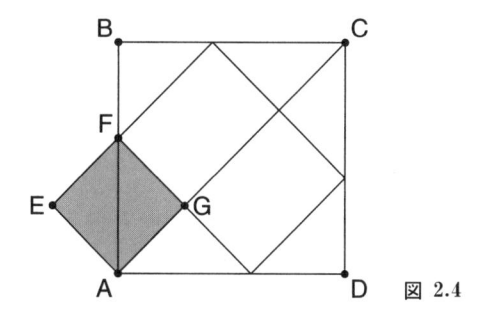

たはずの方法である．

古代の解法　図 2.4 は，45° に傾けた小さい正方形 AEFG を基本にして作図したものである．大きい方の正方形 ABCD の辺は，小さい方の正方形の，辺と対角線の和に等しくなっているから，$\overline{\text{BF}}$ は $\overline{\text{EF}}$ に等しい．図 2.4 から明らかなように，大きい方の正方形の対角線 $\overline{\text{AC}}$ は，小さい方の正方形の辺の 2 倍と，対角線の長さの和になっているから，$\overline{\text{CG}} = \overline{\text{AD}}$ が成立する．そこで，$\overline{\text{AC}}$ と $\overline{\text{AD}}$ に対して相互差引きを行うと，その最初のステップは

$$\overline{\text{AC}} = 1 \times \overline{\text{CG}} + \overline{\text{AG}} = 1 \times \overline{\text{AD}} + \overline{\text{AG}}$$

となるから，最初の部分商は 1 である．

第 2 のステップでは，$\overline{\text{AD}}$ を $\overline{\text{AG}}$ で割る計算を行うことである．ここでもまず，大きい方の正方形の辺は，小さい方の正方形の対角線と辺を加えたものに等しいことに注意しよう．

$$\overline{\text{AD}} = \overline{\text{AF}} + \overline{\text{AG}}$$

したがって，幾何学的にみれば，この割り算もやはり，正方形の辺と対角線の和を，正方形の辺の長さで割ることになる．しかし，われわれに必要なのは，その部分商の値であり，正方形の大きさそのものは重要ではない．そこでいま，〈任意の〉正方形（たとえば，大きい方の正方形 ABCD を考えれば）の辺と対角線の和（この例でいえば，$\overline{\text{AD}} + \overline{\text{AC}}$）を正方形の辺（例では $\overline{\text{AD}}$）で割るというアルゴリズムの結果は，正方形の大きさには関係しない．この例について，もう少しくわしくいえば，$\overline{\text{AD}} + \overline{\text{AC}}$ を $\overline{\text{AD}}$ で割るというアルゴリズムの結果は，

$$\overline{\text{AD}} + \overline{\text{AC}} = 2 \times \overline{\text{AD}} + \overline{\text{AG}}$$

図 2.5

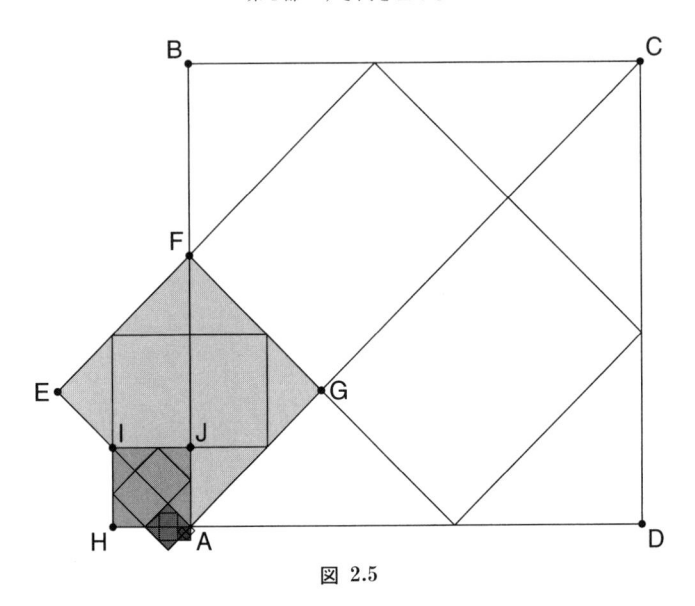

となる．このことから，第2ステップの部分商が2であることがわかる．

　第3ステップも，正方形の辺と対角線の和を，正方形の辺の長さで割るという，第2ステップとまったく同様の計算である．したがって，第3の部分商もやはり2であることがわかる．さらに，このような計算を続けるとき，これ以下の部分商は，どれも同じ理由によって，2に等しくなる．それゆえ，正方形の対角線と辺の比の部分商は $\langle 1, 2, 2, 2, \ldots \rangle$ となる．

　図2.5には，相互差引きと，次々に小さくなっていく正方形の関係が別の方法で示されている．

近代的な解法　$\sqrt{2}$ と1に対して相互差引きを行ってみよう．まず，$\sqrt{2} \approx 1.414214$ という数値的な近似を用いて，数値実験をした結果が表2.1である．このような計算をすることは，現代のわれわれにとっては，難しいことではないが，古代ギリシャ人にとっては，不可能なことであった．この実験は，筋道としては正しいが，$\sqrt{2}$ の近似そのものを導いているわけではないので，これだけで完全かつ厳密な証明ということはできない．結局のところは近似にすぎない．

　この計算結果をみれば，$\sqrt{2}$ と1に対する相互差引きの結果が $\langle 1, 2, 2, 2, \ldots \rangle$

表 2.1 $\sqrt{2}$ と 1 に対して相互差引きを行う数値実験

$$1.414214 - \mathbf{1} \times 1.000000 = 0.414214$$
$$1.000000 - \mathbf{2} \times 0.414214 = 0.171572$$
$$0.414214 - \mathbf{2} \times 0.171572 = 0.071070$$
$$0.171572 - \mathbf{2} \times 0.071070 = 0.029432$$
$$0.071070 - \mathbf{2} \times 0.029432 = 0.012206$$
$$0.029432 - \mathbf{2} \times 0.012206 = 0.005020$$
$$0.012206 - \mathbf{2} \times 0.005020 = 0.002166$$

になりそうだということまではわかる．このことを厳密に証明するには，次のような代数的な計算をすればよい．すなわち，次の恒等式を繰り返し用いるのである．

$$\sqrt{2} - 1 = \frac{(\sqrt{2}-1)(\sqrt{2}+1)}{\sqrt{2}+1} = \frac{1}{\sqrt{2}+1}$$

これによって $\sqrt{2}$ と 1 に対する互除法の反復を厳密に行えば，

$$\sqrt{2} - \mathbf{1} \times 1 = \frac{1}{\sqrt{2}+1}$$

$$1 - \mathbf{2} \times \frac{1}{\sqrt{2}+1} = \frac{(\sqrt{2}+1)-2}{(\sqrt{2}+1)} = \frac{\sqrt{2}-1}{\sqrt{2}+1} = \frac{1}{(\sqrt{2}+1)^2}$$

$$\frac{1}{\sqrt{2}+1} - \mathbf{2} \times \frac{1}{(\sqrt{2}+1)^2} = \frac{(\sqrt{2}+1)-2}{(\sqrt{2}+1)^2} = \frac{\sqrt{2}-1}{(\sqrt{2}+1)^2} = \frac{1}{(\sqrt{2}+1)^3}$$

$$\frac{1}{(\sqrt{2}+1)^2} - \mathbf{2} \times \frac{1}{(\sqrt{2}+1)^3} = \frac{1}{(\sqrt{2}+1)^4}$$

$$\frac{1}{(\sqrt{2}+1)^3} - \mathbf{2} \times \frac{1}{(\sqrt{2}+1)^4} = \frac{1}{(\sqrt{2}+1)^5} \cdots$$

この計算によって，上の数値実験による予想が正しかったことが確認される．このことはまた，$\sqrt{2}$ の連分数表示が，

$$1 + \cfrac{1}{2 + \cfrac{1}{2 + \cfrac{1}{2 + \cdots}}}$$

となることを意味している[12]．

---

[12] このことは連分数をうち切る，つまり，十分に大きいが有限個の，部分商までを用いて，$\sqrt{2}$ にいくらでも近くなるような近似を作ることによって証明できる．

この章では，通約不可能性の問題が，どのようにして古代ギリシャの数学者を量と比と比例の概念に導いたのかを述べ，ギリシャ人による比に対する2つの定義を示した．これは，数の体系の拡張として重要なものであった．

　有理数の間に存在する〈すき間〉は，目にはみえない．しかし，2つの有理数の間には無限個の有理数が存在する．——$\sqrt{2}$ を含む〈すき間〉も存在する．——このことが，ギリシャ人を困らせたのである．ギリシャ人による，比と比例の理論は，この〈すき間〉をつなぐ橋の発見といえる．これは，近代的な実数の体系に向けての重要な出発点となるものであったのだが，しかし，その間には2,000年の隔たりがある．その間になされなければならないことも少なくはなかったのである．

　もちろん，負の数とか，位取り記数法をはじめとして，桁数の多い数の割り算とかその他の算法というものも必要であった．さらに基本的な点は，たとえば，長さとか，面積とかいうような異なる種類の量を類別して考えるのが不要だということに，ギリシャ人が気づかなかったことである．今日の科学では，実数というただ一種類の量だけで，その必要のすべてがまかなわれているのである．

　次の章では，比と比例の理論の音楽への応用について論ずることにしよう．ギリシャ人は，ある種の比が音程の快さを定めると考えていたのだが，今日の科学と音楽が，これをどのように発展させ，また，洗練してきたのかを述べることにしよう．

第3章

比と音楽
―ピュタゴラス音律と平均律―

> 弦の響きには幾何学があり,天空の配置には音楽がある.
> ——ピュタゴラス(Pythagoras, 前560?-480?)

　前6世紀,ピュタゴラスとその信奉者は,宇宙の真意は数という言語で書かれているものと考えていた.今日の世界でも,数はやはり重要な役割を果たしている.ディジタルコンピュータの中では,0と1の流れが,会計処理をしたり,星雲間の相互作用の計算をしたりしている.ピュタゴラス学派の時代にはコンピュータはなかったが,楽器という身近な道具が,これにかわって,宇宙における数の重要性を確かめる手段になった.実際,アリストテレス(Aristotle, 前384-322)によれば,ピュタゴラス学派の考えは"数という要素こそが万物の原理であり,天球は音階と数だ"[1]というものであった.

　ピュタゴラス学派の人々にとっては,簡単な楽器までが,科学器具になったのである.もちろん,彼らの実験の詳細を記した文書が残っているわけではないが,彼らの教義からそれが推測される.古代ギリシャでは,実験科学はこのようによいスタート点にあったのだが,不幸なことに,行き詰まってしまった.これには,プラトン(Plato, 前427-347)のような哲学者たちが,ピュタゴラス学派の経験的観察の部分よりも,根拠を必要としない思弁的な部分に惹かれたことによる影響もあったのだろう.プラトンの教えは,宇宙とは完全な存在であり,それゆえ,その性質を知るには,経験的な調査の必要はなく,哲学的な論議によればよいのだとするものであった.円や,球や,小さな整数の比などは,この完全性の顕著な例であり,したがって,太陽や,月や,惑星

---

[1] アリストテレス「形而上学」(Metaphysics) 参照.

やその他の星などの天体の動きも，これらの概念にもとづくものとして論じられていたのである．経験科学，すなわち，近代科学の基礎が，ガリレオ・ガリレイ（Galileo Galilei, 1564-1642）をはじめとする人々によって発見されたのは，それから2,000年を経たルネッサンスの後期になってのことである．ガリレオは，ピュタゴラスの天空理論をひっくり返した人物だが，意外なことに，家庭的には音楽とのつながりの深い人でもあった．つまり，彼の父親ヴィンツェンツォ・ガリレイ（Vincenzo Galilei, 1520 ? -91）は著名なリュート（琵琶に似た弦楽器）奏者であり，作曲家でもあって，楽器の調律におけるピュタゴラス音律の是非に関する議論にも加わったことのある人物であった．「フロニモ」（Fronimo, 1584）という彼の対話篇の中で，ヴィンツェンツォは〈平均律〉による調律を好むと述べている．この〈平均律〉については，あとに述べることにしよう．

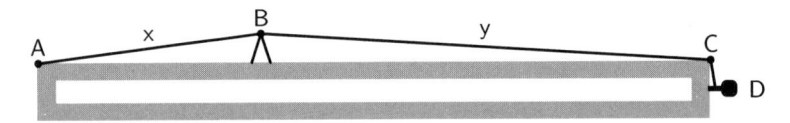

図 3.1 ピュタゴラス学派の実験のための楽器
1本の弦ACが移動可能な"こま"Bを介して張られている．Bの左右にある弦の長さの比を $x:y$ とする．弦の張力はDにあるピトンを回して調整することができる．弦の，x と y という2つの部分を同時にかき鳴らす．

ヴァイオリンやギターなどの，同じ弦楽器が2張りあれば，ピュタゴラスの実験を再現することができる．2つの異なる弦を同時に鳴らすのだが，この際，2つの弦はまったく同じ材質でできており，正確に同じ張力で張られていなければならない．図3.1には，ピュタゴラスの実験に適したのは，こんなものかと思われる弦楽器を模式的に描いておいた．

古代ギリシャの音楽の音と響きがどのようなものであったのかは知る由もないが，ピュタゴラス学派が，音楽と数学の関係を導いたことはわかっている．ピュタゴラス学派の発見は，弦の長さが簡単な数値的関係にあるときに，調和のとれた音程が得られるというものであった．この音程は，今日の音楽で用いられる〈平均律の音程〉とは少々異なるものなので，区別するため，〈ピュタゴラスの音程〉と呼ばれる．個別的にいえば，弦を半分の長さにすると，音の

高さは，ちょうど1オクターヴあがる．また，弦の長さが2:3のとき，これに対応する音程は〈ピュタゴラスの音程〉あるいは〈完全5度〉の音程と呼ばれる．このように呼ばれる理由は，全音階[2]のうちで，ドからソの音程，つまり，第1および第5の音の間の音程が，この音程の一例だからである．ピュタゴラスの音程の中で，重要なものには，他に3:4（4度），8:9（長2度）および9:16（短7度）などがある．

　数値的な比が，音楽でも役割をもつということには，われわれにしても，まずまずの興味をひかれることではあるが，ピュタゴラス学派にとっては，まさに驚天動地のことであり，それゆえ，彼らは，大胆にも，天体の運動もこの比によって律せられるものと考えるようになったのである．楽器で行った実験から，ピュタゴラス学派は，小さな整数が宇宙を理解する鍵であり，天体もその音楽を奏でているものと信じるようになった．そして，ピュタゴラスだけが，その高い霊性のゆえに，実際に天空の音楽を聴いたと信じられたのである．

　ピュタゴラス学派の人々は，その発見の重要性を過大に評価していたとはいうものの，彼らが提起した疑問が解決されたのは，ようやく最近になってのことである．ピュタゴラスの実験は音響学，もっと具体的にいえば，〈心理音響学〉，すなわち，音響の〈知覚〉に関する学問の嚆矢となったのである．森の中で1本の木が倒れても，誰も聴いていなければ，その音を取り扱うのは，厳密な音響学の分野である．しかし，誰かが〈聴いて〉いれば，それは，心理音響学の範囲に入る．しかし，この話題に関して徹底的に論ずることは本書の範囲を超えているので，ここでは，ピュタゴラス学派による音楽の実験に関することだけに注目しよう．とくに，協和音と不協和音の問題を考える場合には，1つあるいはそれ以上の持続する音響，つまり，時間的に不変な音だけを考えることにして，過渡的な音とか，雑音は考えないことにしよう．

　ピュタゴラス学派は正しかったのか？　ある種の音の組み合わせが，他のものにくらべて，本質的に音楽的だというのは本当か？　それとも，われわれの音楽的な好みというものは，純粋にわれわれの文化の産物なのか？　ここでは，これらの問題に答えたいと思う．

---

[2] 全音階は7つの音，ドレミファソラシから成り立っている．

ピュタゴラス学派の和音という概念は，われわれを，音響物理学と耳の解剖学へと導いてくれる．本章では，今日，われわれが親しんでいる音楽の数学的基礎と，忘れられたピュタゴラス学派の音楽について述べてみよう．

■ 音 響 学

音響学とは音と響きの物理学である．物理学の立場からすれば，音響とは，空気や水やその他の媒体を通して伝わる圧力変化の波である．耳に聞こえる振動は20ヘルツから20,000ヘルツで，気温が68°F（20°C）のとき，空気中を1時間に770マイル（1,239 km）の速さで進む．

空間のある1点に，耳かマイクロフォンを置いておけば，圧力変化を検出することができる．耳はこの情報を脳に伝える．マイクロフォンからの電気的出力は拡声器を作動させることもできるし，これによって圧力と時刻のグラフを描かせることもできる．

最も単純な音楽的音響は〈単純音〉とか〈正弦音〉と呼ばれる．単純音の作る圧力-時刻グラフは図3.2に示されるような正弦（サイン）波，すなわち，ヨコ軸が時刻，タテ軸が圧力で，安定な平衡状態のまわりを変化する波である．

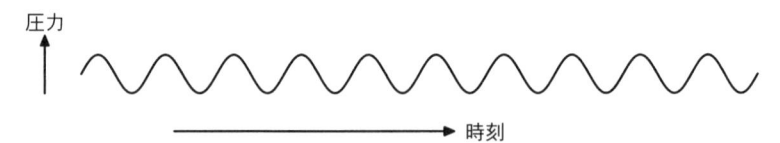

図 3.2 単純音の圧力-時刻グラフは正弦波である．

■ 回転する円

正弦波は，ただ単に揺れ動く波ではなく，厳密な数学的構造をもっている．正弦波の模型を作るには，円筒状に巻かれた紙を斜めの平面で切ればよい．この紙を平面上に拡げれば，正弦波がみられる．理想的なバネ[3]によって吊るされた錘の振動は正弦波によって記述される．図3.3は回転する円を用いたサイ

---

[3] 理想的なバネというのは，復元力が変位に比例するバネのことである．バネの振動は〈単純調和運動〉の一例である．

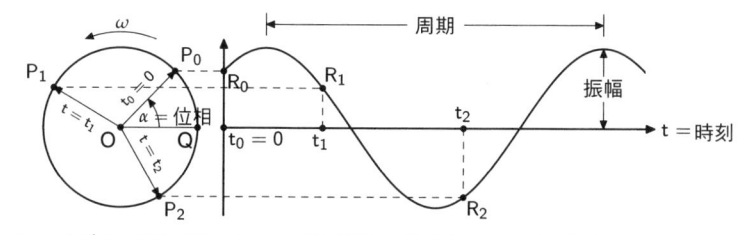

図 3.3 回転する円がサインカーヴを作る．点 O を中心とする円が一定の角速度 ω で反時計回りに回転する．回転する円の円周上に固定された点が，初期点 P_0 から出発して，時間とともにその垂直方向の高さを変えていく様子をグラフに描いたのがサインカーヴである．この時刻 t_1 および t_2 における位置が，P_1 および P_2 であるが，これらの点とサインカーヴ上の点の対応が破線で示されている．
〈振幅〉はサインカーヴの最高の高さ，いいかえれば，円の半径である．〈周期〉というのはサインカーヴの，山から次の山までの距離，いいかえれば，円が一回転する時間である．〈周波数（Hz）〉は回転する点の角速度を1秒間に何回転するのかで測った値である．〈位相〉というのは，OP_0 と水平半径 OQ の間の角度 α である．

ンカーヴ（正弦曲線）の解釈である．図からもわかるように，正弦波は，振幅，周期，位相という3つの量によって特定される．

1. 〈振幅〉というのは，平衡状態からみたタテ方向の最大変位，いいかえれば，谷と山の間の高低差の半分である．振幅が大きくなればなるほど，音も大きくなる．

人間の耳が耐えられる最大の音の圧力は，耳にかろうじて聞こえる音の平均圧力の，200万倍である．このように幅が広いので，圧力そのものを，音の大きさの単位として採用するのは不適当である．そこで，音の大きさの単位として標準的に用いられるのはデシベル（dB）[4] である．音の大きさが1デシベル上昇するというのは，大まかにいって，平均圧力が26%上昇するということである．10デシベルの増大は，圧力がちょうど10倍になることである．小さいものから大きいものまで，何十桁も異なる量を測定するには，デシベルのような対数にもとづく単位が便利であるから，音の大きさの場合にも圧力そのものよりも，デシベルの方がよい尺度と認められている．

2. 〈周期〉というのは，隣り合う2つの山（または谷）の間の距離（時間）である．

---

[4] デシベルと圧力の振幅の間には，$d = 10 \log p$ という関係がある．ここに，p と d は，それぞれ，圧力とデシベルである．圧力の単位は，かろうじて聞こえる音の圧力とする．

周期の逆数が〈周波数〉，すなわち，単位時間内にある山（または谷）の個数である．したがって，サインカーヴの周波数がもつ情報は周期と同じものである．周波数は〈サイクル〉，すなわち，1秒間に何回転するのかによって測られるが，その単位は〈ヘルツ (hertz), Hz〉である．これは，電磁波の伝送と受信に最初に成功したドイツの物理学者ハインリッヒ・ルードルフ・ヘルツ (Heinrich Rudolf Hertz, 1857-94) にちなむものである．

音の平均圧力（大きさ）と周波数の間には類似性がある．どちらの場合にも，耳が知覚するのはその絶対値の変化ではなく，変化の割合である．音程は周波数の比で定義される．たとえば，半音上がるというのは，周波数が6％あがることである．そこで，音楽の場合には，ヘルツよりも対数にもとづく単位の方が適している．通常用いられる音程，たとえば4度の音程，5度の音程，オクターヴなどはどれも周波数の対数にもとづく単位である．

3. 正弦波の〈位相〉というのは，図3.3に示されているように，正弦波の出発点である．2つの正弦波の振幅と周波数が等しければ，時間軸上を平行にずらすことによって，すなわち，位相のシフトによって，両者をピッタリと重ね合わせることができる．このとき，どのぐらいシフトさせなければならないのかを位相差という．

ピュタゴラス学派の人々は，音の高さを測定するのに，振動の周波数を測る手段をもっていなかったが，それにかわるものとして比を用いている．弦の長さや，周波数についても比を用いて考えていた．たとえば，弦の長さを2倍にすれば，振動の周波数は半分になるといった具合である．しかし，弦の振動音は単純音ではなく，同時に発生するいくつかの単純音の合成である．これは，弦の振動が一連のモードを有するからである．たとえば，ヴァイオリン奏者が弦の振動部分の節点にそっと指をあてがうように，場合によっては，音楽的効果上，高いモードが用いられることがある．図3.4には最初の3つのモードが示されている．

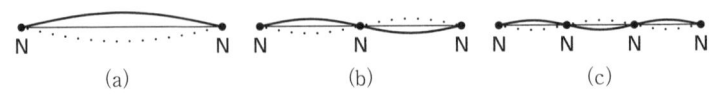

図 3.4 張られた弦の振動の最初の3つのモード
Nと記された静止点は節点と呼ばれる．

第1のモード (a) は〈基音〉とも呼ばれているが，この場合には弦が，上下方向に，交互に反る．第2のモード (b) は，基音よりも1オクターヴ高く，第3のモード (c) は基音にくらべて1オクターヴ＋完全5度高い．第4のモードは，基音よりも2オクターヴ高い．さらに，第5のモードは基音にくらべて2オクターヴ＋ピュタゴラス音程で長3度高い，などである．基音とその他の高いモードは，まとめて，〈部分音 (partial)〉あるいは部分波と呼ばれる．部分音のうちでも，基音より高い音は〈上音 (overtone)〉と呼ばれる．さまざまな振幅をもつ，さまざまな部分音を混ぜ合わせたものは，その音に対して質を与える．これが，〈音色 (timbre)〉と呼ばれるものである．聞こえているのが，ギターの音でなく，ヴァイオリンの音だとわれわれにわからせてくれるものが，すなわちこの音色である．

　ある，与えられた周波数の，2倍以上の整数倍の周波数の音は，その周波数の音の〈倍音 (harmonics)〉と呼ばれている．弦楽器，木管楽器，金管楽器などは倍音となる部分音をもつが，ドラム，木琴，ベルやその他多くの打楽器は〈倍音でない (nonharmonics)〉部分音，すなわち，基音の周波数の整数倍でない周期数の部分音をもつ．ここでは，心理音響学的見地から，ピュタゴラス音程における協和というものが，振動する弦の高い部分音の周波数が，どれも基音の倍音になっていることに由来することを述べよう．

　木管楽器の部分音には倍音もある．たとえば，フルートとかリコーダのような，両端の開いたパイプでできている木管楽器には，偶数倍音と奇数倍音の両方が出る傾向がある．オーボエやサキソフォンは見かけによらず，実際上，開管楽器である．しかしながら，一端が閉じられたパイプとして機能するような木管楽器（たとえば，クラリネット）の場合には，〈奇数倍音〉が抑制される．これが，クラリネットに独特の音色を与えているのである．木管楽器の場合には，一番下の音符から最初の上音までの指使いが1つのサイクルを作っており，ちょっと修正することで，それより上の音が繰り返されるようになっている．どの木管楽器についてもいえることだが，管の脇の穴を開いたり閉じたりすることによって，パイプの実効的な長さを変えて基音を抑制して高い部分音を響かせるのである．フルートの場合には，最初の上音は基音よりも1オクターヴ高く，12の半音に対して12の指使いが1サイクルを構成している．2

オクターヴ目の音に対する指使いは第1オクターヴと同一または同様であり，フルート奏者は，基音または第1上音のどちらでも同じ指使いで演奏することができる．オクターヴの選び方は空気圧と唇の緊張によって調節するのである．クラリネットの場合は，これに対して，第1の強勢倍音は基音の1オクターヴ〈+5度〉上であり，それゆえ，19の異なる半音に対応する19の異なる指使いのサイクルがある．だから，クラリネット奏者はフルート奏者よりも長いサイクルの指使いを学ばなければならない．しかし一方，クラリネットの場合には，2つのサイクルが3オクターヴ以上にわたるが，フルート奏者の場合には，3オクターヴをカバーするには，さらに別の指使いを学ばなければならない．

ドラムは倍音でない部分音を出す楽器の例である．ドラムは膜の振動によって音を出すが，その基音はドラムの面全体の前後への振動に対応する．円形のドラムの場合には，基音より高い部分音の中で，もっとも低い部分音というのは，直径が，節になる直線としてドラムの面を2つの半円部分に分け，それぞれが，互いに反対の位相をもつ振動に対応する．この部分音の周波数は基音の周波数の1.594倍である．たとえば，基音がCであれば，この部分音はCより上のG-シャープ（#）よりわずかに高い音であるから，音程でいえば，短6度ということになる．弦の場合に，一番低い倍音がちょうど1オクターヴ上の音であることにくらべれば，ドラムの場合はずっと複雑だということになる．円形ドラムの場合の部分音の周波数は基音にくらべて，

$$1.000,\ 1.594,\ 2.136,\ 2.296,\ 2.653,\ 2.918,$$
$$3.156,\ 3.501,\ 3.600,\ 3.652,\ 4.060,\ ...$$

倍になっている．このリストの中の各数は，円形ドラムの中で節となる直線が作るさまざまなパターンに対応している（弦の振動の場合には，対応する数列は$1, 2, 3, ...$である）．

1956年，数学者のマーク・カッツ（Mark Kac）は"ドラムの形が聞こえるのかい？"という質問をしているが，これはまことに賢い質問で，ドラムの一連の部分音の一つ一つが，膜のなす振動の形を意味しているのかという質問である．とくに，上にあげた係数の列を知って，音が〈円形の〉ドラムから発生されたものだとわかるような方法があるのかという点は重要である．しか

し，このカッツの質問に対しては肯定的な答えをすることはできない．というのも，1991年数学者のキャロリン・S・ゴードン（Carolyn S. Gordon）とデヴィッド・L・ウェッブ（David L. Webb）が示したところによれば，形の違うドラムでも，同じ係数列を作るものがあるということだからである．

ドラムの他に，大部分の打楽器，すなわち，木琴，ベル，シンバルなどは倍音でない部分音を出す．もちろん，倍音でないからといって，それが調和を欠くとか，不快だということにはならないが．

■ 波形とスペクトル

周期的波形

正弦波（図 3.3）は〈周期的な波形〉の一例である．これが，周期的と呼ばれるのは，時間的に繰り返されるからである．したがって，グラフとしては，一周期に対応する時間区間分だけを描いておけば十分である．最初の一周期分を水平に平行移動すれば，必要なだけのカーヴが得られる．

電子装置を用いれば，きわめて多様な波形を作ることができるし，また，聴くこともできる．たとえば，電子オルガンを使えば，いろいろな違う楽器の音をシミュレートすることもできる．電子部品の店で手に入る部品とハンダごてがあれば，趣味としてでも，いろいろな波形の発生装置を作ることができる．そんな装置の一つとして〈マルチバイブレータ〉，すなわち，図 3.5 に示されているような波形をもつ〈矩形波〉を発生する装置がある．コンピュータを作るには，トランジスタが山ほど必要になるが，マルチバイブレータなら，2つで足りる．配線図は書物や雑誌，あるいは，ウェブサイトをみればよい．電子波形は，〈オシロスコープ〉という装置でみることができるが，この装置に

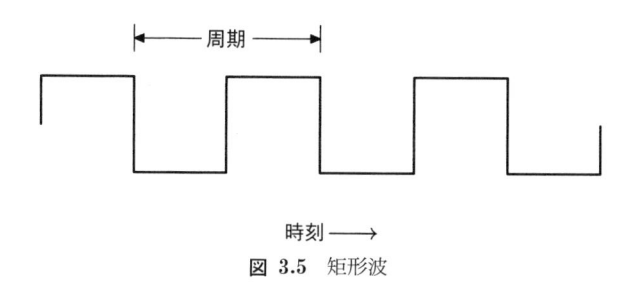

図 3.5 矩形波

は，陰極線管が用いられている．この陰極線管というのは今日，テレビの影像管として用いられているブラウン管であるが，これは1897年にカール・フェルディナンド・ブラウン（Karl Ferdinand Braun, 1850-1918）によって発明されたものである．テレビ登場の50年前のことである．

　周期的な波形ならどれでもそうだが，矩形波は，一連の正弦波によって任意の精度で近似[5]できるという著しい性質をもっている．ここで，一連の正弦波というのは，矩形波と同じ周期をもつ正弦波と，この基本周波数の整数倍の周期をもつ正弦波を，振幅と位相だけ調整したもので，矩形波はこれらの波形[6]を加え合わせて近似される．矩形波を音波とすれば，これらの正弦波は〈部分音〉ということになる．このように矩形波を分解してみれば，次のことがいえる．

1. 〈周波数〉：　矩形波の場合，これを構成する部分波の周波数は，基本周波数の奇数倍だけである．クラリネットの部分音は主として奇数倍音である．矩形波を音として聴くことのできるウェブサイトもある．矩形波の音は，ちょっと，クラリネットのようにも聞こえるが，快い音とはいえない．まあ，みにくい従姉妹といったところであろうか？　しかし，一方において，矩形波を使えば，ラジオやテレビの故障個所の発見などという，クラリネットではできないこともできる．

2. 〈振幅〉：　矩形波の場合，その奇数番目，すなわち，1, 3, 5, ... 番目の部分波の振幅は，その逆数に比例し，

$$(1, 1/3, 1/5, ...)$$

となる．この数列は，楽器の場合の，これに対応する数列よりゆっくりと減少する．このため，矩形波は部分波を"豊富に"もつといわれる．

3. 〈位相〉：矩形波の場合，各部分波の位相角は0°（図3.6(a)参照）である．部分波の位相を変えれば，波形は変わってしまう．たとえば，図3.6(b)に示されているのは，6個の部分波の位相を，0°から90°に変えた上で和として合成したものである．図3.6(a)および(b)に実線で示されている波形は，互いに異なるものであるが，耳で聴けば，部分音の

---

[5] この近似法の詳細は，フーリエ級数理論によって取り扱われている．
[6] 波形の和は，〈垂直方向〉の寸法を加え合わせたものである．

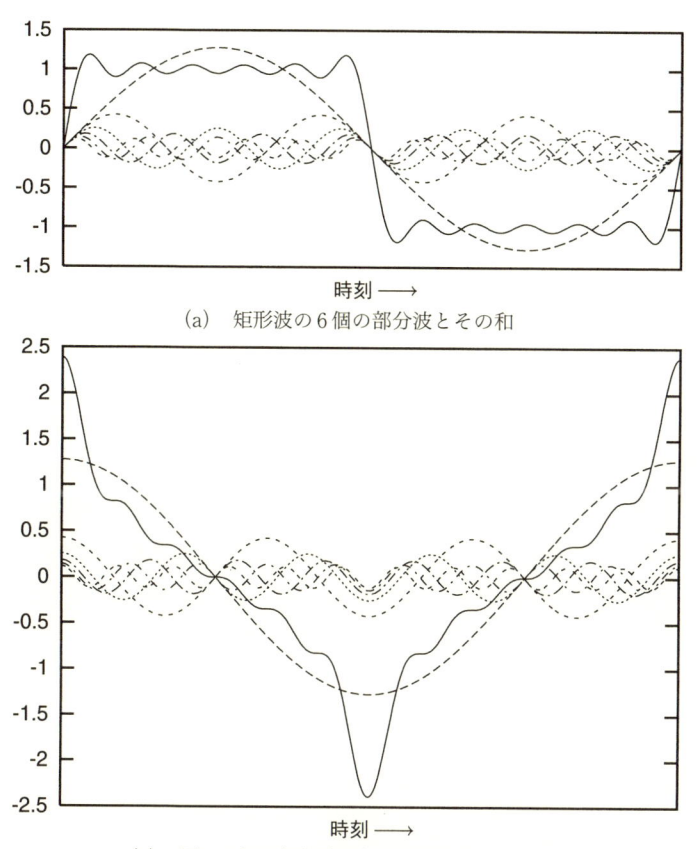

(a) 矩形波の6個の部分波とその和

(b) 同じ6個の部分波の位相を変えたものの和

図 3.6 6個の部分波を加え合わせて矩形波を近似する．(a) では，6個の部分波が点線で示されている．これら6個の部分波の和は実線で示されているが，これは，矩形波に近い形をみせている．(b) では，点線で示されているのは，(a) の場合と同じ部分波であるが，位相が0°から90°に変更されている．実線で示された曲線は，これらの部分波の和である．聴覚に関するオームの法則によれば，(a) の波形の音と (b) のそれは，耳で聴いても，区別がつかない．

周波数と振幅が同じなので，区別がつかない．これは聴覚に関するオームの法則の一例である．この法則はドイツの物理学者ゲオルグ・ジィーモン・オーム[7] (Georg Simon Ohm, 1789-1854) によるものである

---

[7] オームは，電気抵抗に関するオームの法則でも知られている．

が，これは，合成音の場合，それを構成する部分音の位相が，耳では聴き取れないというものである．これに対して，部分音の周波数や振幅の変化は，耳で聴けばすぐにわかる．

図 3.6(a) では，点線で示した正弦波が矩形波の最初の 6 個の部分波で，実線で示したのが，これら 6 個の正弦波の和である．これらのグラフから，この和が矩形波を近似していることがわかるだろう．

以上は，次のような一般的な事実を説明している．すなわち，周期的な波形は，ごく普通に成立する条件が満たされているとき，その基本周波数に対して倍音をなす一連の正弦波の振幅と位相を適当に選んで合成すれば，任意の精度で近似することができる．さらに，このような近似級数はただ一つしかなく，その近似波形を〈フーリエ級数（Fourier series）〉という．任意の周期的な波形が，このように近似できるということは，フランスの数学者ジョセフ・フーリエ（Jean Baptiste Joseph Fourier, 1768-1818）によるものだが，このフーリエというのはナポレオン・ボナパルト[8]（Napoleon Bonaparte, 1769-1821）の友人で，また，科学顧問でもあった人物である．

概周期波形

2 つの周期的な波形の和がやはり周期的かというと，かならずしもそうではない．たとえば，2 つの波の周期が通約不可能であれば，その和は周期的にはならない．図 3.7 には，例として，周期が $1:\pi$ の比をもつ 2 つの波の和が示してある．この図からは，はっきりした周期性をみてとることはできないが，それだからといって，この波形の非周期性を証明したことにはならない．この波形の音を作るには，2 つの単純音を同時に奏でればよい．しかし，このよう

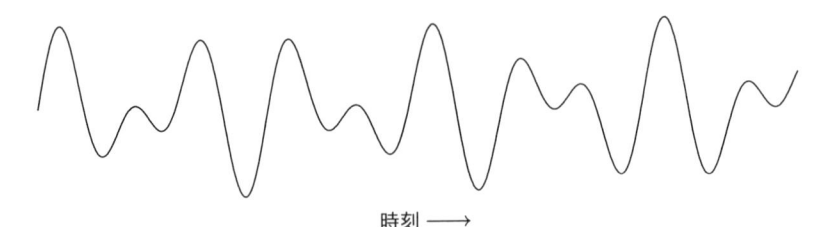

時刻 ⟶

図 3.7 周期が $1:\pi$ という比をもつ 2 つの正弦波の和として作られる非周期的な波形

---

[8]「数学の進歩と完成は国家の繁栄に密接にかかわる」ナポレオン・ボナパルト．

な波形は協和・不協和に関する議論からは除いておく必要がある．

波形の種類を，周期性をもつものだけに限ってしまうのは，限定的すぎる．もう少し広い範囲として，〈概周期〉波形を考える必要がある．周期が通約不可能なものを含めた，一連の正弦波の和によって，任意の精度で近似できる波形を，概周期的波形と呼ぶことにしよう．周期的波形の場合と異なり，概周期的波形は無限に繰り返されるわけではないので，グラフの一部分から全体を構成しなおすことはできない．この概周期関数の理論はデンマークの数学者ハラルド・ボーア（Harald Bohr, 1887-1951）によって創られたものである．この人は物理学者のニールス・ボーア（Niels Bohr）の弟だが，数学の講義のときには，黒板の左上から書き始めて，いつも，ちょうど50分で右下まで書いて終わったという逸話のもち主でもある．

概周期波形の場合も，周期波形の場合と同様，これを表す正弦波の組み合わせはただ一通りである．一般に，概周期波形は，倍音にならない部分波をもっている．すなわち，部分波の周波数は基本周波数の整数倍である必要はない．打楽器（たとえば，ドラム，木琴，ベル，チャイム）によって発生される波形は概周期的であって，周期的ではない．ボーアの概周期関数論は，音響学的な音に関する数学的基礎というのに相応しい理論である．

スペクトル

図3.6の (a) と (b) に示された2つの波形の音が，耳では区別できないという事実は，波形そのものが，聴覚の研究にはそれほど適していないことを示している．そこで，位相を無視し，その音の周波数と振幅を特定する情報を表示する方法が必要になる．音のスペクトルというのは，まさしく，この情報を示すものである．図3.8には，C4（中央のC-262 Hz）を矩形波発生装置によって作ったものと，クラリネットのB-フラット（♭）によって作ったもののスペクトルが比較してある．スペクトルは，音楽の言葉でいえば，〈音色〉ということになる．クラリネットとフルートの音色ならば，耳でもはっきりと聞き分けられる．

スペクトルによれば，複雑な音を分解して，それがどのような周波数成分から構成され，それぞれがどのような振幅をもつのかを知ることができる．このような分解をする装置を〈周波数分析器〉という．〈ヘルムホルツ共鳴器〉と

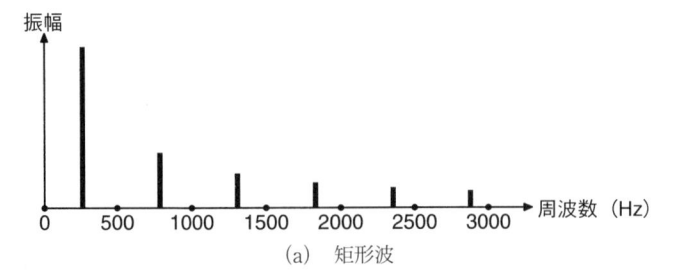

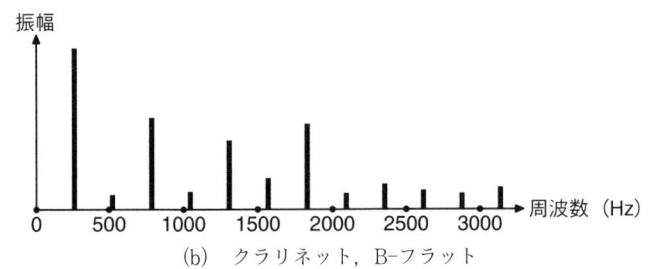

図 3.8 中央のC（262 Hz）の基本音のスペクトルを，(a) 矩形波発生装置で作ったものと，(b) クラリネットのB-フラットで発生したものとで比較してある．振幅はそのままの値（デシベルでない）に対応しているが，目盛りは振られていない．振幅は，相対的な値しか重要性をもたないからである．

いうのは，ドイツの科学者ヘルマン・フォン・ヘルムホルツ（Hermann von Helmholz, 1821-94）[9]にちなんで名付けられた器具であるが，〈周波数分析器〉としては最も古く，最も単純なものである．ヘルムホルツの発見によれば，適当な大きさの球形の器が，特定の周波数の音に共鳴し，しかも，近くの周波数からはほとんどまったく影響を受けないのである．形からみれば，ヘルムホルツ共鳴器は化学実験室で用いられるフローレンス・フラスコに似たものである．共鳴器につながれた短いチューブを，柔らかい蠟を使って耳にピッタリとはめる．これによって，入り交じった音の中に，部分音として特定の周波数のものがあるかどうかを知ることができるのだが，各周波数について別々の共鳴器が必要になる．

　ヘルムホルツの共鳴器は，今日の技術水準からみれば，きわめて原始的なも

---

[9] ヘルムホルツは，きわめて幅の広い科学者であった．生理学，光学，音響学および電気力学の各分野において重要な業績を上げている．ヘルムホルツは，視覚および聴覚の研究に自然科学が役立つことを示した．Helmholz (1954) 参照．

のである．今日の周波数分析器では，音を電気振動に変換し，電子フィルターが正弦要素に分解するようになっている．

心理音響学

　人間には音の高さがどうしてわかるのだろうか？　耳が，実は周波数分析器になっていることを明らかにすることによって，ヘルムホルツは近代心理音響学の扉を開いたのである．しかし，ヘルムホルツは彼の同時代人の多くと対立することにもなった．その中には，彼の恩師で生理学者のヨハネス・ミュラー（Johannes Müller）も含まれていたのだが，ミュラーは生気論（vitalism）の信奉者であり，この生気論というのは，生命現象は通常の物理学や化学や数学を用いても，完全に理解しきれるものではないとするものであった．ヘルムホルツにしても，耳の周波数分析器としてのメカニズムの，正確な解明には到達していなかったのだが，彼の主張は，推測などの段階をはるかに超えたものであった．すなわち，彼の主張というのは，

- 耳が，周波数の識別をすることは明らかである．実際，絶対音感をもった音楽家ならば，中央のCを特定することができる（しかし，複雑な音の部分音をすべて特定することはできない）．
- 耳は，複雑な音を，その簡単な部分音に還元して感じ取っているようである．

ハンガリー生まれのアメリカの科学者ゲオルグ・フォン・ベケシ（Georg von Békésy, 1899-1972）は1961年，医学生理学部門でノーベル賞を得ているが，これは，耳が周波数分析器として機能していることを示した業績によるものであった．内耳には〈蝸牛（かぎゅう）管〉と呼ばれるカタツムリの形をした，小指の先ほどの大きさの，螺旋構造の組織が入っている．この蝸牛管には，長さ約1.3インチ（=33 mm）ほどの〈基底膜〉と呼ばれるコイル状の組織が入っており，幅と剛性が，場所によって異なるので，周波数が違えば，基底膜の違う場所が膨らむ．基底膜が膨らめば，〈コルチ器官〉にある神経が活動し，脳の聴覚中枢に情報を伝える．この説明は，異なる単純音が基底膜の異なる場所に結びつけられて知覚されるというものなので，音の高さに関する

〈位置理論〉と呼ばれる。難点もなくはないが，位置理論は音の高さの認識に関する基本的な説明と考えられている。

耳はすばらしく精巧にできた器官であるが，すべての周波数解析器と同様に，限界，すなわち分解能の限界がある。つまり，2つの単純音を同時に聴くとき，その周波数が十分に離れていれば，高さの異なる音として聞こえるが，2つの音の周波数が十分に接近して，同じ〈臨界帯域幅〉に入っている場合には，さらに複雑な形で知覚される。このことについては，後に検討することにしよう。

臨界帯域幅は協和音と不協和音に対する知覚の根底にあるものである。そして，協和と不協和の相互作用こそが音楽の限りない魅力の源の一つとなっているのだ。

■協和音と不協和音

われわれが聞く音には，チリンチリン，バンバン，ブンブン，ヒューヒュー，ウォーウォーなど，さまざまなものがあるが，その中でももっとも重要なものは言語の音であろう。しかしここでは，音楽の奏者と聴き手が知覚する音について述べることにしよう。もっと正確にいえば，2つの音楽的な音が同時に奏でられるとき，われわれにはどのように聞こえるのかという問題を考えよう。

2つの音CとGを同時に聴けば，DとAを同時に聴いたのと同じような印象を受ける。これらは，どちらも5度の音程といわれる。ピュタゴラス学派が発見したのは，5度や，オクターヴや，その他の協和音程であるが，これらを彼らは，弦の長さの比が3:2であるとか，2:1であるとかいうことで定義した。近代的な言い方では，音程は2つの音の周波数の比で特定される。われわれが聴いているのが5度の音程であるとか，オクターヴであるとか，あるいは，他の音程だとかいうことをわからせてくれるのは，その周波数の比なのである。

ピュタゴラス学派の人々は，弦楽器による2つの音を同時に聴いて，ある音程が協和的であるとか不協和的であるとかいうことを発見した。彼らが弦楽器でなく，ドラムで研究していたら，協和ということが単純な比に基礎をおいて

いるということを発見することはなかっただろう．ここではこのことを調べてみよう．

　協和音・不協和音の基礎理論は，ヘルムホルツによってひらかれたものだが，この仕事を追認すると同時に拡張したのが，プロンプ（Plomp）とルヴェルト（Levelt）である．しかし，このことについては次で考えることにしよう．協和音程のもっとも簡単な例はオクターヴであるから，誰でもここから考え始めるだろう．したがって，〈協和〉を説明しようとするのなら，その説明ではまず，オクターヴが協和音程として確定されなければならない．こう考えるのが当然なのであるが，この考えではつまずいてしまう．楽器の音の部分音が話を混乱させてしまうのだ．つまり，オクターヴというのは，すべての部分音が基本音と調和しているときに限って協和しているのである．この条件は，しかし，ドラムや他の打楽器では満たされていないのである．

■ 臨界帯域幅

　不協和の問題を考えるには，オクターヴのような特定の音程を考えるかわりに，部分音をもたない〈単純音〉の協和-不協和の問題の検討から始めた方がよいだろう．単純音は，電子式音波発生器を用いれば発生させることができる．このような単純音が同時に響くとき，われわれの耳へどのように聞こえるのかというと，次の3つの場合がある．

1. 2つの音は，その高さがウンと離れていれば，2つの別々の音として聞こえる．また，第2の音が加わったことによって音量が増えたと感じられる．すなわち，2つの音の周波数が〈臨界帯域幅〉以上離れていれば，2つの音として聞こえる．この臨界帯域幅というのは，2つの音の周波数の間にそれぐらいの差があっても，完全に協和して聞こえる最小の周波数差である（図3.9参照）．

2. 2つの音の高さが十分に接近していれば，それらの中間の高さの音が，周期的に大きくなったり，小さくなったりして聞こえる．この現象は〈うなり〉として知られるものである．うなりの周波数は，2つの音の周波数の差に等しい．この場合，第2の音が加わっても，音が大きくなったようには感じられない．うなりが起こるのは，2つの音が互いに強

図 3.9

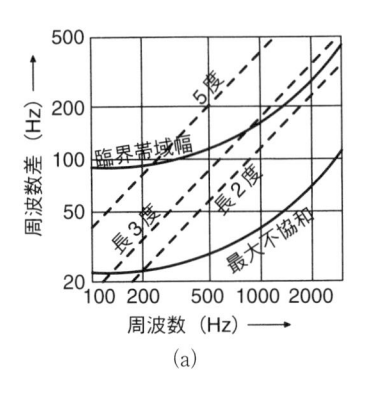

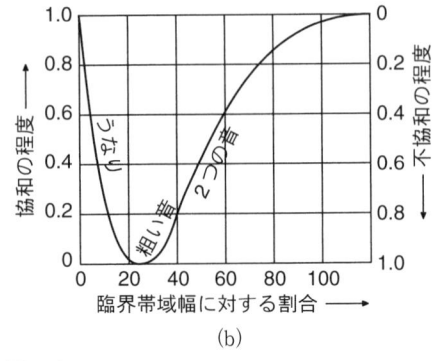

(a) 臨界帯域幅 (critical bandwidth) は2つの単純音が, 2つの別々の音として聞こえる最小の周波数差である. 2つの単純音がこれより接近しても, 等しくはならないときには, うなりか, 粗い音 (rough) か, あるいは2つの, 多少とも不協和な音が聞こえる. この臨界帯域幅は周波数によって異なる. このグラフは, タテ軸, ヨコ軸ともに対数目盛りであるが, 各周波数について, その周波数を中心とする2, 3の周波数幅が示してある. すなわち, (1) 臨界帯域幅, (2) 臨界帯域幅の25%にあたる, 最も不協和な周波数幅, (3) 〈5度〉,〈長3度〉および〈長2度〉の幅である. これらの標準的な音程は, 周波数が低い部分ほど不協和に聞こえることに注意する必要がある.
(b) 2つの単純音の周波数差を0から臨界帯域幅まで変えていくとき,〈不協和〉の程度がどのように変化するのかを示している. この図では, 協和-不協和を感じる程度を0から1までの尺度で示している. たとえば, 臨界帯域幅の25%のところで, 音が最も不協和に感じられる.

この図は, プロンプおよびルヴェルトの論文 (Plomp and Levelt, 1965) の図8, 9, および10にもとづくものである (Acoustic Society of America 許可).

めあったり, 消しあったりすることが交互に繰り返されるからである. すなわち, 位相が重なったり, 離れたりするのである. 図3.10には, うなりの一例が, 空気圧の変化のグラフとして示されている.

3. 2つの音が, 別々のものとして聞こえるには高さが近すぎ, うなりとして聞こえるには, 離れすぎていることがある. このようなタイプの音は, もっとも不協和的であるとされ, 一般に〈粗い音 (rough)〉と呼ばれる.

プロンプとルヴェルトは, 被験者[10]に2つの単純音を同時に聴かせて協和-

---

[10] この実験のためには, 音楽的な訓練を受けていない者を探して被験者とした. 音楽の訓練を受けた被験者の場合, 聴音の訓練を受けた音程に過度の重みをつけてしまいかねないと考えられたからである.

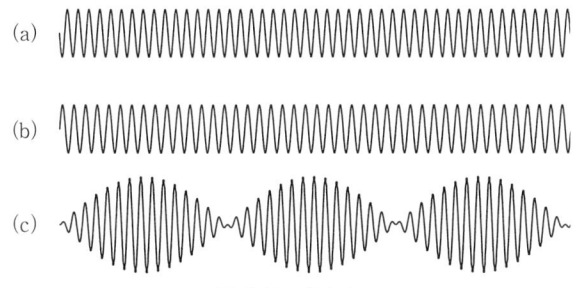

図 3.10 うなり

グラフ（a）および（b）は，それぞれ 310 Hz および 290 Hz の単純音の空気圧の時間的変化を 0.2 秒にわたって示したものである（これらをよくみれば，(a) の方が (b) より山や谷が多いことがかろうじてわかるだろう）．単純音を同時に鳴らせば，うなり（c）が生じる．このうなりは 2 つの音の周波数差，すなわち，この場合には 20 Hz で脈動する．

　不協和を評価させたところ，周波数の差が拡がるにつれて，最初 1 つの単純音が聞こえていたものが，うなりになり，さらにはひどい不協和音になることが報告された．うなりが粗い音に変わるところで不協和がピークに達する．さらに差が拡がると，粗い音の感じは減って，次第に 2 つの別々の音が聞こえるようになる．次第に協和の程度が増し，最大値に達する．周波数の差をさらに拡げても協和している感じは変わらない．とくに注目すべきことは，伝統的な音楽的音程を，他の，これに近い音程にくらべて聴かせても，被験者には，とくに際だって協和的に聞こえるということはなかった点である．たとえば，正しいオクターヴが，被験者には，〈音の狂ったオクターヴ〉よりも協和的に感じられるわけではなかったのである．

　このような結果はピュタゴラス学派の発見とは矛盾するようにみえる．しかしながら，ピュタゴラス学派の人々が観察したのは，弦楽器を用いてのことである．前にも述べたように，弦をはじけば，単純音ではなく，〈部分音としての倍音〉を伴った音が響く．実際，プロンプとルヴェルトは，倍音を部分音としてもつ音を用いてさらにテストを行い，ピュタゴラス学派の観察を〈確認〉しているが，その場合には，被験者はピュタゴラス音程の 4 度，5 度，およびオクターヴを，これらの音程で，音の狂ったものよりは協和的なものとして聴いているのである．テストに用いる音をこのように単純音から複雑音に変えただけで，結果がこのように大きく変わるのは意外なことであるが，このような

著しい変化は，1つの音であっても，多くの部分音を含んでいれば，単純音の大合唱になるからである．2つの複雑な音が一緒に響けば，そのうちの，どれか一対の部分音が臨界帯域幅に入るだけでも不協和が起こるのである．

調和部分音からなる1つの音でも，不協和音になることもある．倍音の周波数が非常に高い場合には，これらが，不協和を生ずるほど十分に近くなってしまうこともある．たとえば，基音が 100 Hz の場合，第1の倍音は 200 Hz で，基音と1オクターヴの音程にあるが，16番目と17番目の倍音は 1,700 Hz と 1,800 Hz であり，短2度という不協和な音程に近くなる．電子的矩形波発生装置で1つの音を発生させると，不協和音が聞こえるが，これは，高い倍音の振幅が大きいためである．しかし，この性質があるからこそ，マルチバイブレータが電子的検査器具として応用できるのである．

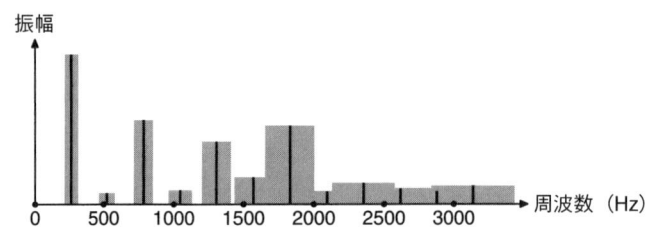

図 3.11 クラリネットの B-フラットによって出される 262 Hz（中央の C）の音のスペクトル（図 3.8(b) も参照）
線スペクトルは灰色の帯で拡げてある．これらは，各部分音の周波数に伴う臨界帯域幅を示しており，不協和を起こす部分音の振幅は比較的小さい．ほとんどの楽器に，同様の低いレベルの不協和がみられる．

図 3.11 に示されているのは，クラリネットで出した，中央の C という1つの音である．この図は，図 3.8(b) から作ったもので，各部分音の線スペクトルを，それに伴う臨界帯域幅の分だけ灰色の帯で拡げてある．

臨界帯域幅以上に離れた2つの音を，同時に鳴らせば，その部分音である倍音が不協和を起こすことがある．たとえば，長7度の場合，低い方の音が1オクターヴの倍音を部分音としてもてば，不協和を起こす．これは，この部分音が高い方の基音に近すぎるためである．オクターヴの場合には，それらの2つの音が協和部分音しかもっていない場合に協和する．これは，高い方の音の部分音が，すべて，低い方の音の部分音に一致するからである．

図 3.9(a) には，2つの音の平均周波数に対して臨界帯域幅がどのように変

化するのかが示されている．これらの2つの音の高さが高くなるにつれて，周波数（Hz）で測った臨界帯域幅は増加する．それにもかかわらず，半音（semitone）で測った臨界帯域幅は減少するのである．このため，図3.9(a)にも示されているように，ある種の音楽的音程は，低い周波数で不協和になるのである．このような事実があるにもかかわらず，音楽家の中には，音程の協和-不協和が，その間に挟まれている半音の個数だけで決定されているものと誤解している人もいる．つまり，高い音のオクターヴであろうと，低いオクターヴであろうと，その中の3度は協和的であり，2度は不協和だと誤解しているのである．しかし，大多数の作曲家についていえば，これとは逆に，これが正しくないことを，少なくとも直観的には理解していることが，作品からわかる．すなわち，作品をみると，低音部では接近した音程を避ける傾向がみられるのである．彼らは，音楽的経験から，そのような音程が不協和音を生じやすいことを直観的に知っているのである．

音程，音階，調律

　西欧の音楽的伝統の中では，オクターヴは，いわば，北極星のようなものである．弦楽器にせよ，管楽器にせよ，また，人が歌う声にせよ，オクターヴこそがもっとも協和的な音程である．これとは対照的に，インドネシアの音楽的伝統では，打楽器の不協和な音色が中心的であり，オクターヴの重要性は低い．ここでは，西欧音楽における音程，音階および調律の問題を調べてみよう．

　西欧の調律法の場合には，オクターブというものが固定されていて，不変である．そして，そのオクターヴを分割して間を補うのが〈半音〉である．

　完全5度は，オクターヴに次いで重要な音程であるが，ピュタゴラス音律にせよ，平均律にせよ，完全5度の12個分が〈ほぼ〉7オクターヴに相当するという事実にもとづいている．これが，1オクターヴの中に，12個の半音がある理由である．

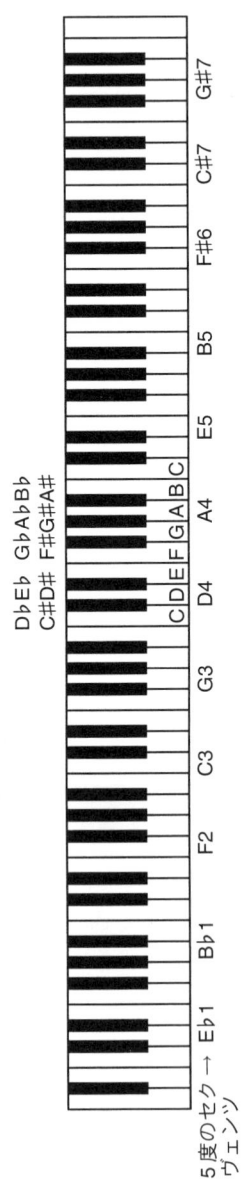

図 3.12 ピアノの鍵盤

Eb1 から始まる 5 度のセクヴェンツは G#7 まで進む。これらの音程を完全 5 度に設定し、他の音をオクターヴを全体にわたって調律することになる。ピアノを全体にわたってピュタゴラス音律で調律したというのは、中世の対位法では 13 世紀まで用いられていた（Schulter (1998) 参照）。5 度のセクヴェンツにおける 7 つの引き続く音は、長調の音階の音を全部決定する。たとえば、F-C-G-D-A-E-B というように並べ替えれば、C-D-E-F-G-A-B という F 長調の音階になる。ただ、音楽として使えるのは、このような音階のうち Bb, F, G, D および A をキーとする 6 種類だけである。他のセクヴェンツの場合には、Eb-G# という調子の狂った〈狼音程〉が出てしまうからである。5 度のセクヴェンツのうち、5 つの引き続く音を選べば、5 音からなる音階ができる。これらの中には、スコットランドや中国の音楽で使われているものがある。

■ ピュタゴラス音律

　ピュタゴラス学派には，鍵盤のついた楽器などはなかった．そこで，ピュタゴラス音律は後に平均律によってその地位を奪われることになるのだが，ピュタゴラス学派流の調律がどのようなものであったのかは，ピアノの鍵盤を使えばよくわかる．ピュタゴラス音律にしたがい，図3.12に示されているように〈5度のセクヴェンツ〉でピアノを調律することができる．この5度のセクヴェンツは，各オクターヴについて，音階の12の半音全部にわたっている．そこで，これら12の音から始めて1オクターヴごとに進めば，ピアノのすべての音にたどり着くことができる．鍵盤の中央部（A4）のAを，たとえば440 Hzという標準の高さに調律しておいて，それから，完全5度のセクヴェンツで上に向かってE，B，F-シャープ（♯）...，下に向かってD，G，C，... と調律していくのである．残りの音はオクターヴで調律すればよい．

　この音律の欠点は，G-シャープ（♯）とE-フラット（♭）の音程を，〈狼音〉というあだ名が付けられるほど，きわめて不快な調子外れなものにすることである．この音程は，名目上は5度なのだが，ピュタゴラス音律にしたがって調律すると，半音[11]の1/4ほど狭くなってしまうのである．この食い違いは〈ピュタゴラスのコンマ〉として知られている．

　ピアノにもう少し余分に鍵があれば，G♯7からさらに5度上がってD♯8まで進むことができる．ところで，伝統的ないいかたでは，D♯はE♭と同じものとされている．そこでいま，下に向かって7オクターヴ下がれば，E♭1に行き着く．ところが，E♭1はすでに，A4から5度を6回下るという経路をたどって調律されている．だから，E♭1を調律する2つの等価な方法があるのだと期待したいところではあるのだが，実はそうではない．実際，E♭1をこれらの2つの方法で調律すると，その周波数の間にピュタゴラスのコンマに等しい比が現れるのである．このピュタゴラスのコンマの値は，次の計算によって求められる．まず，E♭1から上方に5度を12回繰り返してD♯8に進む．次にD♯8から7オクターヴ下方に進んで"E♭1に近い1つの音"にいたる．実際，このようにすると，"E♭1に近い1つの音"はすでに

---

[11] 半音というのは，たとえば，CとC♯のように，半音階において隣り合う2つの音の間の音程である．

E♭1として調律した音より，ピュタゴラスのコンマに相当する分だけ高い音になってしまう．この食い違いは次のようにして計算することができる．すなわち，はじめの音と，最後の音の周波数比は

$$\left(\frac{3}{2}\right)^{12} \times \frac{1}{2^7} = \frac{3^{12}}{2^{19}} = \frac{531,441}{524,288} = 1.01364 \tag{3.1}$$

となる．

このように，ごく近い値ではあるが，完全というわけではない．つまり，E♭1として調律された同じもとの音に戻っているのならば，この数は正確に1になっているはずである．ちなみに，等分平均率による半音の周波数比は1.05946であるから，ピュタゴラスのコンマは，半音のおよそ1/4ということになる．

ここでは，(1) E♭1という音の高さから始めて，(2) 12回5度上がり，次に7オクターヴ下がった．しかしながら，かならずこうしなければならないというわけではない．実際，どの高さの音から始めてもよいし，また，5度上に上がったり，オクターヴ下がったりすることはどんな順序でやっても，要するに，鍵盤の範囲を出なければよい．どのような道を通るにせよ，最後に到達する音は，はじめの音より高く，その周波数比がピュタゴラスのコンマになる．

■5度の繰り返しによるオクターヴの近似

5度の上がりを何回か繰り返し，オクターヴで何回か下る…こういう方法であっても，手を加えて修正すれば，厳密に同じ高さの音に戻ってくることが可能だろうか？——これは，不可能である．5度の上昇をn回繰り返し，オクターヴの下降をm回繰り返せば，これに対応する周波数比は

$$\left(\frac{2}{3}\right)^n \times \frac{1}{2^m} = \frac{2^{n-m}}{3^n}$$

となる．この値がちょうど1になるためには，$3^n = 2^k$とならなければならない．ここに，kは$n-m$である．しかし，左辺は奇数，右辺は偶数になるから，この式の成立は不可能である．

完全5度の上昇とオクターヴの下降の組み合わせで，正確にもとの音に戻ってくることはこのように不可能である．しかし，無理にでもこれにこだわっ

て，ピュタゴラスのコンマ以下に接近することは可能だろうか？　不思議なことに，可能なのである．たとえば，53回5度の上昇を繰り返し，31回オクターヴの下降を繰り返せばピュタゴラスのコンマの1/7程度の誤差を実現することができる．このことは，(3.1) 式と同様な計算をしてピュタゴラスのコンマと比較してみればわかる．

$$\left(\frac{3}{2}\right)^{53} \times \frac{1}{2^{31}} = \frac{3^{53}}{2^{84}} = \frac{19,383,245,667,680,019,896,796,723}{19,342,813,113,834,066,795,298,816} = 1.00209\dots$$

音楽としての実用性を無視していえば，オクターヴを12個でなく53個の音に分割するような音階という考えに到達する．ところで，53という数は単なるよい当て推量なのだろうか，それとも，網羅的に調べた結果なのだろうか？実際，これは次にもみられるように，前章で述べた〈相互差引き〉によって求められたものである[12]．

m を5度上がる回数，n をオクターヴ下がる回数として $(3/2)^n = 2^m$ となることを求めるかわりに，$(3/2)^n$ が〈近似的に〉2^m となるようにしよう．対数をとっていえば，$n \log(3/2)$ が $m \log 2$ に近くなるようにするのである．

$$\frac{n}{m} \approx \frac{\log 2}{\log(3/2)} = 1.70951\dots$$

前の章では，古代に使われた互除法の繰り返しについて述べたが，これは現代の〈単純連分数〉と等価なものである．互除法によれば，任意の比を自然数の比で近似することができる．$\log(3/2) \approx 0.176091$ および $\log 2 \approx 0.301030$ とすれば，$\log 2 : \log(3/2)$ の互除法による計算は次のようになる[13]．

$$0.301030 - \mathbf{1} \times 0.176091 = 0.124939$$
$$0.176091 - \mathbf{1} \times 0.124939 = 0.051152$$
$$0.124939 - \mathbf{2} \times 0.051152 = 0.022635$$

---

[12] あわせて，Schechter (1980) も参照．
[13] $\log 2 : \log(3/2)$ という比に，相互差引きを〈厳密な形で〉行えば次のようになる．

$$\log 2 - \mathbf{1} \cdot \log(3/2) = \log 2/(3/2) = \log(2^2/3)$$
$$\log(3/2) - \mathbf{1} \cdot \log(2^2/3) = \log(3/2)/(2^2/3) = \log(3^2/2^3)$$
$$\log(2^2/3) - \mathbf{2} \cdot \log(3^2/2^3) = \log(2^2/3)/(3^4/2^6) = \log(2^8/3^5)$$
$$\log(3^2/2^3) - \mathbf{2} \cdot \log(2^8/3^5) = \log(3^2/2^3)/(2^{16}/3^{10}) = \log(3^{12}/2^{19})$$
$$\log(2^8/3^5) - \mathbf{3} \cdot \log(3^{12}/2^{19}) = \log(2^8/3^5)/(3^{36}/2^{57}) = \log(2^{65}/3^{41})$$
$$\log(3^{12}/2^{19}) - \mathbf{1} \cdot \log(2^{65}/3^{41}) = \log(3^{12}/2^{19})/(2^{65}/3^{41}) = \log(3^{53}/2^{84})$$

$$0.051152 - \mathbf{2} \times 0.022635 = 0.005882$$
$$0.022635 - \mathbf{3} \times 0.005882 = 0.004989$$
$$0.005882 - \mathbf{1} \times 0.004989 = 0.000893$$

ここに出てくる太文字の数字 $1, 1, 2, 2, 3, 1, \ldots$ は互除法（あるいは連分数）における部分商である。これを

$$\frac{\log 2}{\log (3/2)} = [1 ; 1, 2, 2, 3, 1, \ldots] \tag{3.2}$$

と書くが，この式の右辺は次の無限単純連分数を略記したものである。

$$1 + \cfrac{1}{1 + \cfrac{1}{2 + \cfrac{1}{2 + \cfrac{1}{3 + \cfrac{1}{1 + \cfrac{1}{\ddots}}}}}} \tag{3.3}$$

連分数の理論[14]によれば，この無限連分数を途中でうち切るとき，(3.2)式の，有理数（整数の比）による，ある意味で〈最もよい〉近似が得られることがわかっている。このようにして得られる近似値は

$$\frac{2}{1} = 1 + \frac{1}{1} \qquad \frac{5}{3} = 1 + \cfrac{1}{1 + \cfrac{1}{2}}$$

$$\frac{12}{7} = 1 + \cfrac{1}{1 + \cfrac{1}{2 + \cfrac{1}{2}}} \qquad \frac{41}{24} = 1 + \cfrac{1}{1 + \cfrac{1}{2 + \cfrac{1}{2 + \cfrac{1}{3}}}}$$

$$\frac{53}{31} = 1 + \cfrac{1}{1 + \cfrac{1}{2 + \cfrac{1}{2 + \cfrac{1}{3 + \cfrac{1}{1}}}}}$$

$$\vdots$$

となる。

---

[14] Hardy and Wright (1979) 参照.

表 3.1 5度の音程 n 回が m オクターヴを近似する.〈コンマ〉というのは5度 n 回とオクターヴ m 回の周波数比である.ピュタゴラスのコンマ 1.013643 は第3行第2列に出ている.分数 n/m は (3.3) 式の連分数の近似分数である.

分数 n/m	コンマ $1.5^n/2^m$	5度に対するコンマ $1.5/2^{m/n}$	誤差百分率
2/1	$1.5^2/2 = 1.125000$	1.060660	$+6.0660\%$
5/3	$1.5^5/2^3 = 0.949219$	0.982778	-1.7222%
12/7	$1.5^{12}/2^7 = 1.013643$	1.001130	$+0.1130\%$
41/24	$1.5^{41}/2^{24} = 0.988603$	0.999720	-0.0280%
53/31	$1.5^{53}/2^{31} = 1.002090$	1.000039	$+0.0039\%$

これらの分数 2/1, 5/3, 12/7, 41/24, 53/31 は

$$\frac{\log 2}{\log(3/2)}$$

の逐次近似になっている.さらにこれらの分数については,次のようなわかりやすい音楽的解釈が可能である.つまり,n/m が近似分数だということは,5度の音程 n 回分が m オクターヴの近似になっているということである.表 3.1 には各分数の近似の程度が示されている.

■平均律

狼音すなわち,E♭-G♯ の音程の不協和は,ピュタゴラス音律の好ましからざる副産物であった.狼音が起こるので,使えるのは長短6個のキーだけになってしまう.これらのキーには,E♭,A♭,や D♯,G♯ という対のどちらも含まれていない.それでも,このような音楽表現上の制約も,音楽上の好みが,いっそう複雑なものを求めるようになった13世紀の終わりまでは問題にならなかったのである.

しかし,音楽家は狼音を避けて通るというやり方を続けるかわりに,ピュタゴラス音律に〈手を入れる〉(すなわち,修正する)方法を開発した.この新しい音律によればすべてのキーが使えるようになるので,音楽的表現が豊かなものになった.これがバッハ(Bach)をして 48 の記念碑的作品〈平均律ピアノ曲集,第1巻および第2巻〉を作曲させることになった.両巻とも 12 曲の長調および 12 曲の短調の前奏曲(プレリュード)および遁走曲(フーガ)の

24作品から構成されている．しかしながら，〈平均律〉によって調律されたピアノは，今日なら，どこででも用いられているが，バッハ自身についていえば，彼自身がこれを使うことは，おそらくは，なかっただろうと思われる．

ベートーヴェン（Beethoven）は〈純正律（just intonation）〉と呼ばれる音律で調律されたピアノで作曲したといわれている．この音律によれば，それぞれのキーが，それぞれ異なる特性をもっている．たとえば，ある部分がC長調からD長調に移調される場合，名目上では，各々の音が一律に全音あがるはずである．しかしながら，〈純正律で調律〉されたD長調では，C長調と音程がわずかに違うので，移調された部分は異なる音調をもつことになる．だから，ベートーヴェンのピアノ曲を，ベートーヴェン自身が意図した音で聴こうと思うのなら，〈純正律〉で調律されたピアノで演奏されたものを聴くことが薦められる．

オクターヴを12等分する音律は〈平均律〉とも呼ばれているが，これは，ピュタゴラス音律を修正して，移調をしても各音が同じ音程のまま上下するようにしただけのものである．平均律は，上でも議論したように，12回の5度が7オクターヴに非常に近いという事実にもとづいている．すべての5度をほんのちょっと，同じ値だけ縮めれば，12個のそれに引き続く5度が7オクターヴに等しくなる．表3.1によれば，各5度を0.1130％短縮すればよい．ピアノ全体は，したがって，図3.12のパターンの上で5度が少々縮めて調律される．〈平均律〉は，半音の音程を，上の音の周波数が下の音の周波数の$2^{1/12}$（1.059463...）倍になるように定めるのと等価である．たとえば，Aが440 Hzならば，平均律におけるA♯の周波数は440×1.05946＝466.16 Hzということになる．

表3.2には，C4からC5までの半音階がピュタゴラス音律と平均律でどのように異なるのかが比較してある．このピュタゴラス音律は中世の対位法（あるいはその他でも）で用いられたタイプのものである（Schulter（1998）参照）．ピュタゴラス音律は，すべての音程が5度とオクターヴをつないだものとして得られるという原理にしたがっている．たとえば，ピアノの鍵盤に指を遊ばせて，中央のCから出発して半音高いC♯という音で終わる動きを考えよう．最初は完全5度を7回上がる：C G D A E B F♯ C♯．次に4オクター

朝倉書店〈数学関連書〉ご案内

はじめからのすうがく事典

一松 信訳
B5判 512頁 定価9240円(本体8800円)(11098-7)

数学の基礎的な用語を収録した五十音順の辞典。図や例題を豊富に用いて初学者にもわかりやすく工夫した解説がされている。また、ふだん何気なく使用している用語の意味をあらためて確認・学習するのに好適の書である。大学生・研究者から中学・高校の教師、数学愛好者まであらゆるニーズに応える。巻末に索引を付して読者の便宜を図った。〔項目例〕1次方程式、因数分解、エラトステネスの篩、円周率、オイラーの公式、折れ線グラフ、括弧の展開、偶関数

現代物理数学ハンドブック

新井朝雄著
A5判 736頁 定価18900円(本体18000円)(13093-7)

辞書的に引いて役立つだけでなく、読み通しても面白いハンドブック。全21章が有機的連関を保ち、数理物理学の具体例を豊富に取り上げたモダンな書物。〔内容〕集合と代数的構造／行列論／複素解析／ベクトル空間／テンソル代数／計量ベクトル空間／ベクトル解析／距離空間／測度と積分／群と環／ヒルベルト空間／バナッハ空間／線型作用素の理論／位相空間／多様体／群の表現／リー群とリー代数／ファイバー束／超関数／確率論と汎関数積分／物理理論の数学的枠組みと基礎原理

集合・位相・測度

志賀浩二著
A5判 256頁 定価5250円(本体5000円)(11110-X)

集合・位相・測度は、数学を学ぶ上でどうしても越えなければならない3つの大きな峠ともいえる。カントルの独創で生まれた集合論から無限概念を取り入れたルベーグ積分論までを、演習問題とその全解答も含めて解説した珠玉の名著

開かれた数学1 リーマンのゼータ関数

松本耕二著
A5判 228頁 定価3990円(本体3800円)(11731-0)

ゼータ関数、L関数の「原型」に肉迫。〔内容〕オイラーとリーマン／関数等式と整数点での値／素数定理／非零領域／明示公式と零点の個数／値分布／オーダー評価／近似関数等式／平均値定理／二乗平均値と約数問題／零点密度／臨界線上の零点

実験数学 —地震波, オーロラ, 脳波, 音声の時系列解析—

岡部靖憲著
A5判 320頁 定価6510円(本体6200円)(11109-6)

地球物理学と生命科学分野の時系列データから発見された「分離性」を時系列解析で解明。〔内容〕実験数学／KM₂O—ランジュヴァン方程式論／時系列解析／実証分析(地震波、電磁波、脳波、音声)／分離性(時系列および確率過程の分離性)

数学のあゆみ(上)

J.スティルウェル著　上野健爾・浪川幸彦監訳
A5判 280頁 定価5775円(本体5500円)(11105-3)

中国・インドまで視野に入れて高校生から読める数学の歩み。〔内容〕ピタゴラスの定理／ギリシャ幾何学／ギリシャ時代における数論および無限／アジアにおける数論／多項式／解析幾何学／射影幾何学／微分積分学／無限級数／蘇った数論

線形代数学20講

数学・基礎教育研究会編著
A5判 168頁 定価2625円(本体2500円)(11096-0)

高校数学とのつながりにも配慮しながら、わかりやすく解説した大学理工系初年級学生のための教科書。1節1回の講義で1年間で終了できるように構成し、各節、各章ごとに演習問題を掲載。〔内容〕行列／行列式／ベクトル空間／行列の対角化

微分積分学20講

数学・基礎教育研究会編著
A5判 160頁 定価2625円(本体2500円)(11095-2)

高校数学とのつながりにも配慮しながら、やさしく、わかりやすく解説した大学理工系初年級学生のための教科書。1節1回の講義で1年間で終了できるように構成し、各節、各章ごとに演習問題を掲載した。〔内容〕微分／積分／偏微分／重積分

シリーズ〈数学の世界〉
野口　廣監修／数学の面白さと魅力をやさしく解説

1. ゼロからわかる数学 －数論とその応用－
戸川美郎著
A5判 144頁 定価2625円（本体2500円）（11561-X）

0, 1, 2, 3, …と四則演算だけを予備知識として数学における感性を会得させる数学入門書。集合・写像などは丁寧に説明して使える道具としてしまう。最終目的地はインターネット向きの暗号方式として最もエレガントなRSA公開鍵暗号

2. 情報の数理
山本 慎著
A5判 168頁 定価2940円（本体2800円）（11562-8）

コンピュータ内部での数の扱い方から始めて、最大公約数や素数の見つけ方、方程式の解き方、さらに名前のデータの並べ替えや文字列の探索まで、コンピュータで問題を解く手順「アルゴリズム」を中心に情報処理の仕組みを解き明かす

3. 社会科学の数学 －線形代数と微積分－
沢田 賢・渡邊展也・安原 晃著
A5判 152頁 定価2625円（本体2500円）（11563-6）

社会科学系の学部では数学を履修する時間が不十分であり、学生も高校であまり数学を学習していない。このことを十分考慮して、数学における文字の使い方などから始めて、線形代数と微積分の基礎概念が納得できるように工夫をこらした

4. 社会科学の数学演習 －線形代数と微積分－
沢田 賢・渡邊展也・安原 晃著
A5判 168頁 定価2625円（本体2500円）（11564-4）

社会科学系の学生を対象に、線形代数と微積分の基礎が確実に身に付くように工夫された演習書。各章の冒頭で要点を解説し、定義、定理、例、例題と解答により理解を深め、その上で演習問題を与えて実力を養う。問題の解答を巻末に付す

5. 経済と金融の数理 －やさしい微分方程式入門－
青木 憲二著
A5判 160頁 定価2835円（本体2700円）（11565-2）

微分方程式は経済や金融の分野でも広く使われるようになった。本書では微分積分の知識をいっさい前提とせずに、日常的な感覚から自然に微分方程式が理解できるように工夫されている。新しい概念や記号はていねいに繰り返し説明する

6. 幾何の世界
鈴木晋一著
A5判 152頁 定価2940円（本体2800円）（11566-0）

ユークリッドの平面幾何を中心にして、図形を数学的に扱う楽しさを読者に伝える。多数の図と例題、練習問題を添え、談話室で興味深い話題を提供する。〔内容〕幾何学の歴史／基礎的な事項／3角形／円周と円盤／比例と相似／多辺形と円周

7. 数学オリンピック教室
野口 廣著
A5判 140頁 定価2835円（本体2700円）（11567-9）

数学オリンピックに挑戦しようと思う読者は、第一歩として何をどう学んだらよいのか。挑戦者に必要な数学を丁寧に解説しながら、問題を解くアイデアと道筋を具体的に示す。〔内容〕集合と写像／代数／数論／組み合せ論とグラフ／幾何

情報数学の世界1 パターンの発見 －離散数学－
有澤 誠著
A5判 132頁 定価2835円（本体2700円）（12761-8）

種々の現象の中からパターンを発見する過程を重視し、数式にモデル化したものの操作よりも、パターンの発見に数学の面白さを見いだす。抽象的な記号や数式の使用は最小限にとどめ、興味深い話題を満載して数学アレルギーの解消を目指す

情報数学の世界2 パラドックスの不思議 －論理と集合－
有澤 誠著
A5判 128頁 定価2625円（本体2500円）（12762-6）

身近な興味深い例を多数取り上げて集合と論理をわかりやすく解説し、さまざまなパラドックスの世界へ読者を導く。〔内容〕集合／無限集合／推論と証明／論理と推論／世論調査および選挙のパラドックス／集合と確率のパラドックス／他

情報数学の世界3 コンピュータの思考法 －計算モデル－
有澤 誠著
A5判 160頁 定価2730円（本体2600円）（12763-4）

コンピュータの「計算モデル」に関する興味深いテーマを、パズル的な発想を重視して選び、数式の使用は最小限にとどめわかりやすく解説。〔内容〕チューリング機械／セルオートマトンとライフゲイム／生成文法／再帰関数の話題／NP完全／他

数学30講シリーズ〈全10巻〉
著者自らの言葉と表現で語りかける大好評シリーズ

1. 微分・積分30講
志賀浩二著
A5判 208頁 定価3570円（本体3400円）（11476-1）

〔内容〕数直線／関数とグラフ／有理関数と簡単な無理関数の微分／三角関数／指数関数／対数関数／合成関数の微分と逆関数の微分／不定積分／定積分／円の面積と球の体積／極限について／平均値の定理／テイラー展開／ウォリスの公式／他

2. 線形代数30講
志賀浩二著
A5判 216頁 定価3570円（本体3400円）（11477-X）

〔内容〕ツル・カメ算と連立方程式／方程式，関数，写像／2次元の数ベクトル空間／線形写像と行列／ベクトル空間／基底と次元／正則行列と基底の変換／正則行列と基本行列／行列式の性質／基底変換から固有値問題へ／固有値と固有ベクトル／他

3. 集合への30講
志賀浩二著
A5判 196頁 定価3570円（本体3400円）（11478-8）

〔内容〕身近なところにある集合／集合に関する基本概念／可算集合／実数の集合／写像／濃度／連続体の濃度をもつ集合／順序集合／整列集合／順序数／比較可能定理，整列可能定理／選択公理のヴァリエーション／連続体仮設／カントル／他

4. 位相への30講
志賀浩二著
A5判 228頁 定価3570円（本体3400円）（11479-6）

〔内容〕遠さ，近さと数直線／集積点／連続性／距離空間／点列の収束，開集合，閉集合／近傍と閉包／連続写像／同相写像／連続空間／ベールの性質／完備化／位相空間／コンパクト空間／分離公理／ウリゾーン定理／位相空間から距離空間／他

5. 解析入門30講
志賀浩二著
A5判 260頁 定価3570円（本体3400円）（11480-X）

〔内容〕数直線の生い立ち／実数の連続性／関数の極限値／微分と導関数／テイラー展開／ベキ級数／不定積分から微分方程式へ／線形微分方程式／面積／定積分／指数関数再考／2変数関数の微分可能性／逆写像定理／2変数関数の積分／他

6. 複素数30講
志賀浩二著
A5判 232頁 定価3570円（本体3400円）（11481-8）

〔内容〕負数と虚数の誕生まで／向きを変えることと回転／複素数の定義／複素数と図形／リーマン球面／複素関数の微分／正則関数と等角性／ベキ級数と正則関数／複素積分と正則性／コーシーの積分定理／一致の定理／孤立特異点／留数／他

7. ベクトル解析30講
志賀浩二著
A5判 244頁 定価3570円（本体3400円）（11482-6）

〔内容〕ベクトルとは／ベクトル空間／双対ベクトル空間／双線形関数／テンソル代数／外積代数の構造／計量をもつベクトル空間／基底の変換／グリーンの公式と微分形式／外微分の不変性／ガウスの定理／ストークスの定理／リーマン計量／他

8. 群論への30講
志賀浩二著
A5判 244頁 定価3570円（本体3400円）（11483-4）

〔内容〕シンメトリーと群／群の定義／群に関する基本的な概念／対称群と交代群／正多面体群／部分群による類別／巡回群／整数と群／群と変換／軌道／正規部分群／アーベル群／自由群／群的に表示される群／位相群／不変測度／群環／他

9. ルベーグ積分30講
志賀浩二著
A5判 256頁 定価3570円（本体3400円）（11484-2）

〔内容〕広がっていく極限／数直線上の長さ／ふつうの面積概念／ルベーグ測度／可測集合／カラテオドリの構想／測度空間／リーマン積分／ルベーグ積分へ向けて／可測関数の積分／可測関数の作る空間／ヴィタリの被覆定理／フビニ定理／他

10. 固有値問題30講
志賀浩二著
A5判 260頁 定価3570円（本体3400円）（11485-0）

〔内容〕平面上の線形写像／隠されているベクトルを求めて／線形写像と行列／固有空間／正規直交基底／エルミート作用素／積分方程式／フレードホルムの理論／ヒルベルト空間／閉部分空間／完全連続な作用素／スペクトル／非有界作用素／他

基礎数学シリーズ〈全22巻〉（復刊）

1. 抽象代数への入門
永田雅宜著
B5判 200頁 定価3360円（本体3200円）（11701-9）
群・環・体を中心に少数の素材を用いて，ていねいに「抽象化」の考え方・理論の組み立て方を解説

2. 群論の基礎
永尾 汎著
B5判 164頁 定価3045円（本体2900円）（11702-7）
「群」の考え方について可能な限りていねいに説明し，併せて現代数学に不可欠な群論の基礎を解説

3. ベクトル空間入門
小松醇郎・菅原正博著
B5判 204頁 定価3360円（本体3200円）（11703-5）
ベクトルとは何か？ベクトルの意味を理解し，さらにベクトル空間の概念にまで発展するよう解説

4. 幾何学入門
瀧澤精二著
B5判 264頁 定価3675円（本体3500円）（11704-3）
古典幾何から非ユークリッド幾何・射影幾何へ．基礎から丁寧に解説して新しい数学へとつなげる

5. 集合論入門
松村英之著
B5判 204頁 定価3360円（本体3200円）（11705-1）
現代数学の基礎としての集合論を形式ばらずに解説．基本的考え方に重点を置き，しかも内容豊富

6. 位相への入門
菅原正博著
B5判 208頁 定価3360円（本体3200円）（11706-X）
"近い"とは何だろうか？「距離」「位相」という考え方を基礎から説明し位相空間の理論へとつなげる

7. 線形代数学入門
奥川光太郎著
B5判 214頁 定価3360円（本体3200円）（11707-8）
直線・曲線・曲面など平面・空間でのテーマや応用例を豊富に取りあげ，線形代数の考え方を解説

8. 複素解析学入門
小堀 憲著
B5判 240頁 定価3360円（本体3200円）（11708-6）
微積分の知識だけを前提に複素数の函数を詳解．特に重要な基礎概念は，くどいほどくわしく説明

9. 解析学入門
亀谷俊司著
B5判 372頁 定価3675円（本体3500円）（11709-4）
"近似"という考え方を原点に，微積分・極限のさまざまな姿と性質を，注意深い教育的配慮で解説

10. 無限級数入門
楠 幸男著
B5判 204頁 定価3360円（本体3200円）（11710-8）
解析の基礎となる"級数"のさまざまな姿を取り上げ，その全貌を基礎からヒルベルト空間まで解説

11. 非線型現象の数学
山口昌哉著
B5判 180頁 定価3045円（本体2900円）（11711-6）
"自然は非線形である"．数理生態学・化学反応等に現れる微分方程式を中心に，非線形の数学を解説

12. 変分学入門
福原満洲雄・山中 健著
B5判 188頁 定価3045円（本体2900円）（11712-4）
変分の基礎と代表問題を解説し解法をていねいに求める．測地線や力学の変分原理など応用も解説

13. 微分方程式入門
吉沢太郎著
B5判 196頁 定価3045円（本体2900円）（11713-2）
微分方程式論の基礎を極めてわかりやすく解説し最重要問題である非線形振動と安定問題まで展開

14. 積分方程式入門
溝畑 茂著
B5判 232頁 定価3360円（本体3200円）（11714-0）
積分方程式を詳しく解説した数少ない名著．境界値問題からスタートし，その広く深い世界を紹介

15. 函数方程式概論
桑垣 煥著

B5判 232頁 定価3360円(本体3200円) (11715-9)
函数方程式の全般にわたって系統的に解説する.
微分方程式の初歩のみを前提とし応用にも触れる

16. 整数論入門
久保田富雄著

B5判 216頁 定価3360円(本体3200円) (11716-7)
身近な数から発展し数学の多分野と関連している.
本書は代数体の理論を自然な形で詳しく解説する

17. 微分解析幾何学入門
森本明彦著

B5判 244頁 定価3360円(本体3200円) (11717-5)
微分幾何学の方法を使って解析的多様体・解析空間を探索. 特に複素空間の幾何学に焦点を当てる

18. 位相数学入門
中岡 稔著

B5判 228頁 定価3360円(本体3200円) (11718-3)
現代数学の最大の特徴の一つ「位相」とその方法を
微積分・解析学での用いられ方を中心に解説する

19. 関数解析入門
高村多賀子著

B5判 228頁 定価3360円(本体3200円) (11719-1)
関数解析の基本事項を中心に, 古典解析とのつながり, 偏微分方程式へのわかりやすい応用を解説

20. 連続群論の基礎
村上信吾著

B5判 232頁 定価3360円(本体3200円) (11720-5)
代数・幾何・解析が美しく交錯し巧みに調和した
連続群の世界の魅力を豊富な例でていねいに解説

21. 境界値問題入門
草野 尚著

B5判 262頁 定価3675円(本体3500円) (11721-3)
微分方程式の主要な問題である「境界値」の基礎を
2階線型にスポットを当て解説したユニークな書

22. 力学系入門
齋藤利弥著

B5判 172頁 定価3045円(本体2900円) (11722-1)
物理学から発展し幅広く応用されている「力学系」
の理論を, 最小限の予備知識でわかりやすく解説

数学全書 〈全6巻〉(復刊)

1. 微分方程式(上)
福原満洲雄著

A5判 212頁 定価3780円(本体3600円) (11691-8)
歴史的名著を復刊. 常微分の求積法と一階線型偏
微分の具体的解法を中心に応用を幅広く解説する

2. 微分方程式(下)
福原満洲雄著

A5判 216頁 定価3780円(本体3600円) (11692-6)
下巻では古典的解法に加え, 応用上重要な特殊関
数を扱う. 豊富な演習問題でより深い理解が可能

3. 函数論(上)
辻 正次著

A5判 248頁 定価4410円(本体4200円) (11693-4)
函数論の大家・辻正次先生の名著, 待望の復刊.
上巻では集合の定義から楕円函数まで基礎を解説

4. 函数論(下)
辻 正次著

A5判 236頁 定価4410円(本体4200円) (11694-2)
下巻ではやや高等な事項を述べ, 古典函数論全体
を幅広く概説. あわせて現代函数論にも触れる

5. 初等解析幾何学
稲葉栄次・伊関兼四郎著

A5判 232頁 定価4410円(本体4200円) (11695-0)
解析幾何の初歩を具体例を中心にやさしく解説.
理解を深めるための例題・問題(答)を豊富に収載

6. 射影幾何学
彌永昌吉・平野鉄太郎著

A5判 256頁 定価4410円(本体4200円) (11696-9)
全体像を基礎からわかりやすく解説. 歴史から説
き起こしアフィン幾何・双曲幾何などにも触れる

講座 数学の考え方
飯高 茂・川又雄二郎・森田茂之・谷島賢二 編集

2. 微分積分
桑田孝泰著
A5判 208頁 定価3570円(本体3400円)(11582-2)

3. 線形代数 基礎と応用
飯高 茂著
A5判 256頁 定価3570円(本体3400円)(11583-0)

5. ベクトル解析と幾何学
坪井 俊著
A5判 240頁 定価4095円(本体3900円)(11585-7)

7. 常微分方程式論
柳田英二・栄伸一郎著
A5判 224頁 定価3780円(本体3600円)(11587-3)

8. 集合と位相空間
森田茂之著
A5判 232頁 定価3990円(本体3800円)(11588-1)

9. 複素関数論
加藤昌英著
A5判 232頁 定価3990円(本体3800円)(11589-X)

11. 射影空間の幾何学
川又雄二郎著
A5判 224頁 定価3780円(本体3600円)(11591-1)

12. 環と体
渡辺敬一著
A5判 192頁 定価3780円(本体3600円)(11592-X)

13. ルベーグ積分と関数解析
谷島賢二著
A5判 276頁 定価4725円(本体4500円)(11593-8)

14. 曲面と多様体
川﨑徹郎著
A5判 256頁 定価4410円(本体4200円)(11594-6)

15. 代数的トポロジー
枡田幹也著
A5判 256頁 定価4410円(本体4200円)(11595-4)

16. 初等整数論
木田祐司著
A5判 232頁 定価3780円(本体3600円)(11596-2)

17. フーリエ解析学
新井仁之著
A5判 276頁 定価4830円(本体4600円)(11597-0)

18. 代数曲線論
小木曽啓示著
A5判 256頁 定価4410円(本体4200円)(11598-9)

20. 確率論
舟木直久著
A5判 276頁 定価4725円(本体4500円)(11600-4)

22. 3次元の幾何学
小島定吉著
A5判 200頁 定価3780円(本体3600円)(11602-0)

23. 数学と論理
難波完爾著
A5判 280頁 定価5040円(本体4800円)(11603-9)

24. 数学の歴史 ―和算と西欧数学の発展―
小川 束・平野葉一著
A5判 288頁 定価5040円(本体4800円)(11604-7)

シリーズ〈理工系の数学教室〉〈全5巻〉
理工学で必要な数学基礎を応用を交えながらやさしくていねいに解説

1. 常微分方程式
河村哲也著
A5判 180頁 定価2940円（本体2800円）(11621-7)

物理現象や工学現象を記述する微分方程式の解法を身につけるための入門書。例題，問題を豊富に用いながら，解き方を実践的に学べるよう構成。〔内容〕微分方程式／2階微分方程式／高階微分方程式／連立微分方程式／記号法／級数解法／付録

2. 複素関数とその応用
河村哲也著
A5判 176頁 定価2940円（本体2800円）(11622-5)

流体力学，電磁気学など幅広い応用をもつ複素関数論について，例題を駆使しながら使いこなすことを第一の目的とした入門書。〔内容〕複素数／正則関数／初等関数／複素積分／テイラー展開とローラン展開／留数／リーマン面と解析接続／応用

3. フーリエ解析と偏微分方程式
河村哲也著
A5判 176頁 定価2940円（本体2800円）(11623-3)

実用上必要となる初期条件や境界条件を満たす解を求める方法を明示。〔内容〕ラプラス変換／フーリエ級数／フーリエの積分定理／直交関数とフーリエ展開／偏微分方程式／変数分離法による解法／円形領域におけるラプラス方程式／種々の解

4. 微積分とベクトル解析
河村哲也著
A5判 176頁 定価2940円（本体2800円）(11624-1)

例題・演習問題を豊富に用い実践的に詳解した初心者向けテキスト。〔内容〕関数と極限／1変数の微分法／1変数の積分法／無限級数と関数の展開／多変数の微分法／多変数の積分法／ベクトルの微積分／スカラー場とベクトル場／直交曲線座標

5. 線形代数と数値解析
河村哲也著
A5判 212頁 定価3150円（本体3000円）(11625-X)

実用上重要な数値解析の基礎から応用までを丁寧に解説。〔内容〕スカラーとベクトル／連立1次方程式と行列／行列式／線形変換と行列／固有値と固有ベクトル／連立1次方程式／非線形方程式の求根／補間法と最小二乗法／数値積分／微分方程式

シリーズ〈科学のことばとしての数学〉
「ユーザーの立場」から書いた数学のテキスト

経営工学の数理 I
宮川雅巳・水野眞治・矢島安敏著
A5判 224頁 定価3360円（本体3200円）(11631-4)

経営工学に必要な数理を，高校数学のみを前提とし一からたたき込む工学の立場からのテキスト。〔内容〕命題と論理／集合／写像／選択公理／同値と順序／濃度／距離と位相／点列と連続関数／代数の基礎／凸集合と凸関数／多変数解析／積分他

経営工学の数理 II
宮川雅巳・水野眞治・矢島安敏著
A5判 192頁 定価3150円（本体3000円）(11632-2)

経営工学のための数学のテキスト。II巻では線形代数を中心に微分方程式・フーリエ級数まで扱う。〔内容〕ベクトルと行列／行列の基本変形／線形方程式／行列式／内積と直交性／部分空間／固有値と固有ベクトル／微分方程式／ラプラス変換／他

統計学のための数学入門30講
永田 靖著
A5判 224頁 定価3045円（本体2900円）(11633-0)

統計のための「使える」数学のテキスト。必要なエッセンスをまとめ，実際の場面での使い方を解説〔内容〕微積分（基礎事項アラカルト／極限／広義積分他）／線形代数（ランク／固有値他）／多変数の微積分／問題解答／「統計学ではこう使う」／他

すうがくの風景
奥深いテーマを第一線の研究者が平易に開示

1. 群上の調和解析
河添 健著
A5判 200頁 定価3465円(本体3300円)(11551-2)

群の表現論とそれを用いたフーリエ変換とウェーブレット変換の，平易で愉快な入門書。元気な高校生なら十分チャレンジできる！〔内容〕調和解析の歩み／位相群の表現論／群上の調和解析／具体的な例／2乗可積分表現とウェーブレット変換

2. トーリック多様体入門
石田正典著
A5判 164頁 定価3360円(本体3200円)(11552-0)

本書は，この分野の第一人者が，代数幾何学の予備知識を仮定せずにトーリック多様体の基礎的内容を，何のあいまいさも含めず，丁寧に解説した貴重な一冊。〔内容〕錐体と双対錐体／扇の代数幾何／2次元の扇／代数的トーラス／扇の多様化

3. 結び目と量子群
村上 順著
A5判 200頁 定価3465円(本体3300円)(11553-9)

結び目の量子不変量とその背後にある量子群についての入門書。量子不変量がどのように結び目を分類するか，そして量子群のもつ豊かな構造を平明に説く。〔内容〕結び目とその不変量／組紐群と結び目／リー群とリー環／量子群（量子展開環）

4. パンルヴェ方程式
野海正俊著
A5判 216頁 定価3570円(本体3400円)(11554-7)

1970年代に復活し，大きく進展しているパンルヴェ方程式の具体的・魅惑的紹介。〔内容〕ベックルント変換とは／対称形式／τ函数／格子上のτ函数／ヤコビ-トゥルーディ公式／行列式に強くなろう／ガウス分解と双有理変換／ラックス形式

5. D加群と計算数学
大阿久俊則著
A5判 208頁 定価3150円(本体3000円)(11555-5)

線形常微分方程式の発展としてのD加群理論の初歩を計算数学の立場から平易に解説。〔内容〕微分方程式を線形代数で考える／環と加群の言葉では？／微分作用素環とグレブナー基底／多項式の巾とb関数／D加群の制限と積分／数式処理システム

6. 特異点とルート系
松澤淳一著
A5判 224頁 定価3885円(本体3700円)(11556-3)

クライン特異点の解説から，正多面体の幾何，正多面体群の群構造，特異点解消及び特異点の変形とルート系，リー群・リー環の魅力的世界を活写。〔内容〕正多面体／クライン特異点／ルート系／単純リー環とクライン特異点／マッカイ対応

7. 超幾何関数
原岡喜重著
A5判 208頁 定価3465円(本体3300円)(11557-1)

本書前半ではテイラー展開から大域挙動をつかまえる話をし，後半では三つの顔を手がかりにして最終，微分方程式からの統一理論に進む物語。〔内容〕雛形／超幾何関数の三つの顔／超幾何関数の仲間を求めて／積分表示／級数展開／微分方程式

8. グレブナー基底
日比孝之著
A5判 200頁 定価3465円(本体3300円)(11558-X)

組合せ論あるいは可換代数におけるグレブナー基底の理論的な有効性を簡潔に紹介。〔内容〕準備（可換環他）／多項式環／グレブナー基底／トーリック環／正規配置と単模被覆／正則三角形分割／単模性と圧搾性／コスツル代数とグレブナー基底

〔続刊〕 **9. 組合せ論と表現論**　　　　**10. 多面体の調和関数**

ISBNは4-254-を省略　　　　　　　　　　　　　　　　　　　　　　　　　（表示価格は2006年2月現在）

朝倉書店
〒162-8707 東京都新宿区新小川町6-29
電話 直通(03)3260-7631 FAX(03)3260-0180
http://www.asakura.co.jp　eigyo@asakura.co.jp

第3章 比と音楽

表 3.2 A4を440 Hzに設定した場合のピュタゴラス音律と平均律の比較 〈セント〉というのは半音の1/100である．

音(符)	ピュタゴラス音律					等分平均律		
	Hz	周波数比		セント		Hz	セント	
		対C4	対前音	対C4	対前音		対C4	対前音
C4	260.74	1/1		0.00		261.63	0	
C#4	278.44	2187/2048	2187/2048	113.69	113.69	277.18	100	100
D4	293.33	9/8	256/243	203.91	90.22	293.66	200	100
E♭4	309.03	32/27	256/243	294.13	90.22	311.13	300	100
E4	330.00	81/64	2187/2048	407.82	113.69	329.63	400	100
F4	347.65	4/3	256/243	498.04	90.22	349.23	500	100
F#4	371.25	729/512	2187/2048	611.73	113.69	369.99	600	100
G4	391.11	3/2	256/243	701.96	90.22	392.00	700	100
G#4	417.66	6561/4096	2187/2048	815.64	113.68	415.30	800	100
A4	440.00	27/16	256/243	905.87	90.22	440.00	900	100
B♭4	463.54	16/9	256/243	996.09	90.22	466.16	1000	100
B4	495.00	243/128	2187/2048	1109.78	113.69	493.88	1100	100
C5	521.48	2/1	256/243	1200.00	90.22	523.25	1200	100

ヴ下がれば，最初の音のすぐ上のC#に行き着く．5度の上昇が7回と，オクターヴの下降が4回でありさえすれば，どんな順序であっても，ピアノの鍵盤からはみ出さない限りこれと同等である．

上に述べた5度というのは，完全5度，すなわち，上の音の周波数が，下の音の周波数の3/2になっているということである．1オクターヴ上の音の周波数は2倍することで得られる．したがって，上に述べた鍵盤上の動きは周波数を3/2倍にしたり2で割ったりすることに相当する．それゆえ，ピュタゴラス音律における音程は，表3.2の第3および第4列にも示されているように，2のベキ乗と3のベキ乗の比になっている．このことは，すべての音程が整数比でなければならないというピュタゴラス学派の要求にしたがったものになっている．

平均律では，オクターヴを12等分して半音としている．ここで，等分というのは各半音が$2^{1/12}=1.059463...$という一様な周波数比をもつことである．平均律における半音を100等分したものをセントという．ピュタゴラス音律における半音階には2種類の半音があり，90.22セントのそれは，〈全音階的半

音〉，113.69 セントという幾分広い音程は〈半音階的半音〉で，これらは中世において，それぞれ，〈リンマ (limma)〉および〈アポトメ (apotome)〉として知られていたものである．

平均律では，5度というのは上の音の周波数が下の音の周波数の $2^{7/12} = 1.4983...$ 倍になるように調律されているが，ピュタゴラス音律の場合のこれに相当する値は正確にちょうど1.5である．一方，オクターヴの方は，$2^{12/12} = 2^1 = 2$ であるから，平均律の場合も，ピュタゴラス音律の場合も同じである．

平均律の場合には，図3.12の5度のセクヴェンツは，5度で〈一巡 (circle)〉するようになっている．これは平均律において5度を12回繰り返せば，ピュタゴラス音律の場合のように近似ではなく，〈正確に〉7オクターヴになるからである．

調律師が，平均律で調律する場合には，完全5度から始めてある程度の〈うなり〉(55ページ参照) が聞こえるところまで，この音程を縮める[15]のである．

平均律という考え方は，古代の中国でもすでに知られていた．漢代の学者京房 (King-Fang, 前50年頃) はオクターヴを53等分[16]するのが望ましいということを発見している．この数値を見つけたのは，網羅的に調べた結果に違いないが，53/31 が (3.3) 式の連分数の近似分数であることから，その正当性が裏付けられる．1オクターヴを53の等しい音程に分割する微分音階は，12音からなる半音階より精密である[17]．実際，表3.1の右側の列をみれば，5度の表現が誤差百分率でどのぐらい改良されているのかがわかる．

われわれは，ピュタゴラス学派から近代にいたるまでの協和-不協和に関する考え方をたどってきた．音楽の音程とそれに伴う数値的な比は，神秘性を失

---

[15] ピアノ調律師は上と下のオクターヴを引き伸ばす．これは，上のオクターヴをわずかに高めに，下のオクターヴをわずかに低めにするということである．このような調整は，一般的に，ピアノの音をよくするものと認められている．これは，実際のピアノの弦には，剛性があり，理想的な振動弦のようには振動しないからだと考えられている．

[16] Silver (1971)参照．

[17] Jeans (1937) は等分平均律に関する連分数の利用について述べ，53等音程による音階が，さらに付随的な利点をもつことに注意している．すなわち，53音階は5:4という比，すなわち〈純正律〉の長3度の非常によい近似になっているというのである．

ってしまったが，反面，さまざまな学問分野とのかかわりが得られることになった．

41ページで提起した問題に対して筆者は，ほぼ，その答を与えたものと思う．音楽的音程としてどのようなものが好まれるのかということを，全面的に文化の問題としてしまうわけにはいかない．協和と不協和すなわち，旋律と調和，緊張と解決の基礎は，耳の解剖学と音響の物理にもとづくものである．さまざまな文化における，伝統音楽の構造は，自然の選択の過程を通して，これらの制約に適合してきたものなのだ．すなわち，音楽の適者生存の結果である．音楽の改革者だなどといって，協和-不協和に関する解剖学的・音響学的基礎を無視した純粋数学的方法による作曲をしたところで，聴衆を喜ばせることは期待できない．

次の2つの章では，幾何学的な事柄に目を向けよう．第4章では，"円環面国"と呼ばれる空想的な国の住人の経験によって，曲率の問題を考えることにしよう．

第II部

もの の形

自然の中には，真の円とか三角形というようなものは決して存在しないのではあるが，ユークリッドによって証明された真実が，その確実性と論拠を失うことも永遠にない．
——デヴィッド・ヒューム (David Hume, 1711-76)
「人間知性研究」(An Enquiry Concerning Human Understanding)

第4章

円環面国

―曲面の曲率と非ユークリッド幾何学―

> 私たちの世界を平面国と呼びます．これは私たちがそう呼ぶからというわけではなく，空間に住むという特権をおもちの幸せな読者の皆様には，むしろ，はっきりとおわかりになるような性質をもつ世界だからなのです．
> 　大きな一枚の紙を考えてみてください．その上には，直線や，三角形や正方形，五角形や六角形，その他の図形があります．しかし，それらはその場所に固定されているわけではなく，面の上ならどこへでも動き回ることができます．でも，その面から離れて上に起きあがったり，下に沈んだりすることはできないのです．ちょうど，固くてはっきりとした輪郭をもった影のようです．これで，皆様には，私たちの国の住人がどのようなものかをかなり正確におわかりいただけたものと思います．そうです．数年も前ならば，私はこれを"私の宇宙"と呼んでいたはずです．ですが，いまでは，私の心ももう広く開けて，高い所からものをみることができるようになっています．
> ――エドウィン・A・アボット（Edwin A. Abbott）
> 「平面国」（Flatland, 1884）

地球の表面は平らなのか曲がっているのか？　見かけは平らであるのにもかかわらず，紀元前6世紀のピュタゴラス（Pythagoras, 560?-480?）の時代から，学識者の間では，地球の表面が平面でなく，球面だと認められていた．アレクサンドリアの数学者で，天文学者であったキュレネ[*1]（Cyrene）のエラトステネス（Eratosthenes, 前276-195）は，緯度の異なる場所にある，高さのわかっている物体の影を測って，地球の周囲のよい近似値を得ている．ところが，クリストファー・コロンブス（Christopher Columbus, 1451-1506）の時代には，地球が平らだと広く信じられていたともいわれている．もっともこれは，たぶん，ワシントン・アーヴィング（Washington Irving）の「クリ

[*1] 訳注：北アフリカにあった古代ギリシアの植民都市．

ストファー・コロンブス物語」(History of Christopher Columbus, 1828) あたりに端を発する作り話だろうとも思えるが．

今日では，地球を上空数マイル（数千m）の高さから見下ろすことができるので，地球が平らでなく，球なのだということを直接みることができる．アボットの「平面国」では，語り手である正方形Aも，他の登場者（三角形，正方形など）も，住んでいる面から離れることができないので，その世界をそんな風にみることはできなかった．アボットの空想物語には続編[1]が書かれており，ここでは，平面国が実は球面だという理論を，この国の住人が受け入れることになっている．本章では，住人が宇宙船に乗ってその球を周航することができなくても，この問題を解決する方法があることを示すことにしよう．

われわれと，平面国の住人の間にどのような違いがあるのかといえば，われわれには，限られた範囲とはいえ，空間に地球の表面がどのようにはめ込まれているのかがみえるということである．幾何学者の言い方をすれば，平面国の住人には，その表面の〈内的幾何学 (intrinsic geometry)〉しか観察できないのに対して，われわれの場合には，地球の表面の〈外的幾何学 (extrinsic geometry)〉が観察できるということになろう．われわれは，地球の表面を離れることができる．しかし，宇宙から離れることはできない．したがって，われわれも宇宙についていえば，〈内的幾何学〉しかわからないということになる．

ユークリッドの幾何学は，数千年にわたって，この宇宙における唯一可能な幾何学と考えられてきた．しかし，このユークリッドの治世も，20世紀の最初の10年間に，アルベルト・アインシュタイン (Albert Einstein, 1879-1955) の相対性理論の登場とともに終わりを告げる．アインシュタインは，時間と3次元空間からなる4次元の幾何学を考えて物理学上の難問を説明したのである．

宇宙の幾何学的構造を理解しようとする探求は今日でも続けられている．2000年の4月から5月にかけて，ブーメラン[2] (BOOMERANG) とマクシ

---

[1] バーガー (Burger)「球面国」(Sphereland, 1965)

[2] カリフォルニア大学のAndrew Lange と，ローマ大学 "La Sapienza" のPaulo Bernardis の共同研究による．

マ[3]（MAXIMA）という2つの観測気球によって宇宙背景放射線の観測をした科学者たちは，その結果が，宇宙が平らだという結論を支持していると述べている．

宇宙の幾何学，すなわち，宇宙が曲がっているのか平らなのかという問題は，われわれがもっと次元の低い宇宙に住んでいたとしたら，ずっと簡単だったはずである．この章では，曲がり具合や平坦さの問題を，2次元までの範囲で考えることにしよう．低い次元における曲線や曲面を考えることは，高い次元にある宇宙の問題を考えるためのお膳立てでもあるが，それ自身としても，複雑であると同時に，含蓄のある問題である．まず，直線と曲線という1次元の対象から始めよう．

■ なめらかな曲線の曲率

ここでは，曲線を，〈なめらかな〉曲線に限って考えることにしよう．第IV部（下巻）では，このなめらかさという概念をもう少し違った角度から考えることにするが，今のところは，ある長さをもった針金が曲線の形になっているところを想像しておけばよい．ただ，このなめらかな曲線にそって，曲線上の2点の間の弧の長さということが意味をもつものと仮定しておこう．

■ 曲線に閉じこめられた尺取り虫の世界観

次に述べる物語は，自然史にもとづくものではない．ただ，〈内的幾何学〉や〈外的幾何学〉という概念の説明のためのものにすぎない．いま，1匹の尺取り虫が，1つの曲線の中に住んでおり，次のような規則にしたがって生きているものとしよう．

1. 曲線から離れることはできない．
2. 曲線にそってなら，移動することも，その距離を測ることもできる．
3. この尺取り虫は，目がみえず，上下や移動の感覚をもたない．距離がわかるということが，その曲線の世界に対する唯一の知覚である．

---

[3] Paul L. Richards をリーダーとするカリフォルニア大学チームによる．

この尺取り虫が知覚するものこそが，その曲線の〈内的幾何〉である．この1次元の世界は，みるからに退屈で索漠としたものだ．この尺取り虫は前後に移動し，どれだけ移動したのかを知ることこそできるのだが，たとえば，住んでいる曲線の形すら知ることはできないのである．この哀れな生きものについて，これ以上述べるべきことはほとんどない．

しかし，同じような尺取り虫でも，2次元の〈面〉上に住んでいる虫の場合を考えれば，この虫が，自分が住んでいる世界について，ずっと多くの，また，もっと複雑な情報を得られるはずだということがわかるだろう．

曲線について，なにか面白い情報を得ようとすれば，その曲線が，2次元あるいは3次元空間の中にどのようにはめ込まれているのかを調べてみなければならない．すなわち，曲線の〈外的幾何〉に注目する必要がある．まず，2次元の場合から始めよう．

■ 2次元にはめ込まれた曲線

固定された平面上の，なめらかな曲線の曲がり具合に関して比較の基準となるのは円である．曲線の曲がり具合，つまり〈曲率〉については精密な数量的定義がある．まず，半径Rの円の曲率は1/Rと定義される．任意のなめらかな曲線上にある点Pにおける曲率は〈接触円〉と呼ばれる円の曲率である．この接触円というのは，この点Pにおいて曲線に最もよくフィットする円のことである．

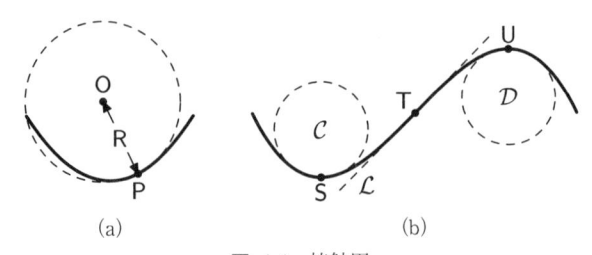

図 4.1 接触円
(a) 接触円は，太い線で描かれた曲線上の点Pにおいてこの曲線に接触している．この円の中心Oは〈曲率中心〉と呼ばれる．半径Rは〈曲率半径〉，1/Rは点Pにおける曲率と呼ばれる．(b) 接触円 $\mathcal{C}$ および $\mathcal{D}$ は，それぞれ点SとUにおいて太い線で描かれた曲線に接している．点Tでは，接触円は直線 $\mathcal{L}$ に縮退し，曲率はゼロになる．

曲線の中に閉じこめられた尺取り虫は，その曲線の曲率を知ることはできない．実際，曲線の曲率というものは，曲線の外的な性質なのである．

図 4.1(b) において，2 つの接触円 $\mathcal{C}$ と $\mathcal{D}$ は曲線の反対側に位置しているが，これは曲線が反対側に向かって〈凸〉になっていること，つまり，上向きに凸か，下向きに凸かの違いに対応している．平面曲線の場合には，曲率は通常，正か負の符号をつけて，その点で曲線がどちら向きに凸になっているのかを区別している．どちらを正とするのかは任意であるが，普通は下向きに凸になっている場合に正の符号が付けられる．たとえば，図 4.1(b) では，点 S における曲率には正，U における曲率には負の符号が付けられることになる．

直線に対しては，最もよくフィットする円というものは存在しない．少しでも大きい円の方がよいということになる．直線の曲率はゼロであるが，曲線そのものが直線でなくても，そのある 1 点で曲率がゼロになることは可能である．実際，図 4.1(b) では，点 T における曲率がゼロになる．また，点 T における接触円は直線 $\mathcal{L}$ に縮退する．点 S(U) が曲線にそって上（下）に移動して点 T に接近すれば，接触円はいわば，爆発して無限大になる．

2 次元の空間では，各点における（符号つきの）曲率が与えられれば，曲線の形は，完全に定まってしまう．いいかえれば，紐の各点における曲率を定めれば，平面上，紐が各点で与えられた曲率をもつ形は 1 通りしかないのである．

■ **3 次元にはめ込まれた曲線**

つるまき線

2 次元の場合には，曲線の局所的な振る舞いは，円を基準として考えられるが，3 次元空間にある曲線の場合には，そうはいかない．3 次元曲線の特徴をよく示している例は，図 4.2(a) に示されているような円筒状のネジの山である．別の言い方をすれば，ありふれた円筒状のスチール・バネの形である．このようなつるまき線が作る曲線は，数学では，〈螺旋 (helix)〉と呼ばれる（分子生物学で有名な二重螺旋は，これにさらにいろいろな構造が付け加えられたものである）．アルキメデス（Archimedes，前 287-212）は，この螺旋形のネジを用いた揚水ポンプを発明したと伝えられている．

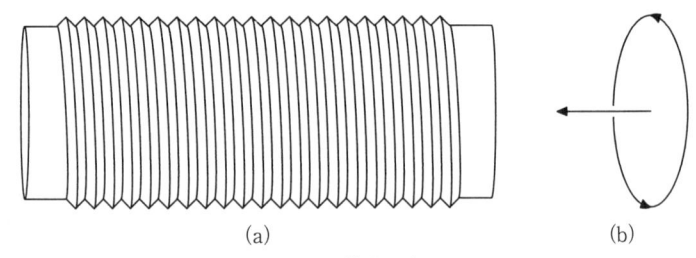

図 4.2 円筒状の右ネジ
(a) 円筒状のネジ山が作る曲線は螺旋である．(b) 右ネジは時計方向に回すとき，左に向かって進む．
右手の法則：ネジを右手につかんで，人差し指を回転の方向に向ける．このとき，ネジは親指の方向に進む．

3次元の場合にも，なめらかな曲線については接触円が定義され，曲線上の1点における曲率も，この接触円の曲率（負でない）として定義される．そして，接触円を載せている平面が，曲線の接平面である．しかし3次元の場合には，曲線の局所的な振る舞いを表現するのに，接触円の曲率だけでは不十分である．その曲線が，局所的に，接平面から離れてゆこうとする傾向もみなければならない．これが〈捩（れい）率〉という尺度である．習慣上，その捩（ねじ）れが右ネジの方向になっているのか，左ネジの方向になっているのかによって捩率の符号を決めている．ブドウの巻きひげは正，ホップのつるは負の捩率をもっている．

ネジのピッチというのは，ネジが一回転したときに進む距離である．いま，円筒状の右ネジの半径が a で，ピッチが p であるものとしよう．$b=p/(2\pi)$ とおくとき，曲率 $\varkappa$ と捩率 τ は次の式で与えられている．

$$\varkappa=\frac{a}{a^2+b^2}, \qquad \tau=\frac{b}{a^2+b^2}$$

これらの式から，ピッチが一定であるとき，捩率は半径 a を大きくしさえすれば，好きなだけ小さくすることができる．逆に，半径 a とピッチ p を十分小さくすれば，捩率を好きなだけ大きくすることができる．

なめらかな曲面の曲率

　平面や球面，トーラス（図4.6参照）などの面はなめらかである．面は，次の2つの条件が満たされているとき，なめらかであるといわれる．
1. 面が，その各点Pにおいて接平面を有する．
2. 点Pがわずかに動くときには，接平面もわずかしか動かない．

　次では，曲面にはめ込まれている曲線の曲率を用いて，曲面の曲率を定義しよう．曲面の曲率は，曲線の曲率と同様，外的な概念だと思われるかもしれないが，意外にも，内的な概念だということが示される．

　曲線に閉じこめられた尺取り虫の話は前にも述べたが（75ページ），これと同様，曲面の上に住み，そこで距離だけを知覚できる尺取り虫を想像してみよう．この尺取り虫は，距離を測るのに，つねに最短経路（〈測地線〉と呼ばれる）にそって測る．また，この尺取り虫は，曲面上の2本の測地線の間の角度も測れるものとしよう．簡単にいってしまえば，曲面の尺取り虫には，その曲面の内的幾何学が読みとれるのである．この点からすれば，曲線に閉じこめられた尺取り虫は，曲面に閉じこめられた従兄弟の尺取り虫にくらべて，はるかに面白味のない存在ということになる．つまり，曲面の尺取り虫には，その曲面の曲率がわかるのである．曲面の曲率は，以下で定義されるように，ある意味で外的な性質であり，したがって，尺取り虫の視野の範囲にはないように考えられるので，曲面の尺取り虫に曲面の曲率がわかるということは，さらに驚嘆すべき能力だと思える（曲線の尺取り虫には，その住んでいる曲線の曲率が〈知覚できない〉ことを思い出そう）．

　アボットやバーガーの空想小説に出てくる平面国や，球面国の住人は，その世界の内的幾何しか観察することができない．実際，彼らは，曲面に閉じこめられた尺取り虫の一種なのだが，ここでは，"円環面国"をめぐって，この尺取り虫についてもう少しくわしくみてみよう．

　曲面の曲率は，カール・フリードリヒ・ガウス（Carl Friedrich Gauss, 1777-1855）によって最初に定義されたので，一般に，〈ガウス曲率（Gaussian curvature)〉として知られている．ガウスの定義については，次で述べるが，これは，曲面が3次元空間にどんな風にはめ込まれているのかを用いる

ものである.いいかえれば,曲面の〈外的〉性質を用いるものである.ガウスは,その曲率がみかけ上,外的性質のようにも思えることに気づいていた.曲率の定義は外的なのだが,それにもかかわらず,ガウス曲率は曲面の内的な性質なのである.このために,曲面に閉じこめられた尺取り虫は,その曲面から離れることなく,曲率を知ることができるのである.ガウスは普段,あまり大げさな物言いをしない人なのだが,この発見については,theorema egregium,つまり,〈驚異の定理〉とまで呼んでいる.

■ ガウス曲率――外的定義

図4.3には2つのタイプの曲面について,ガウス曲率が図解してある.図4.3(a)および(b)には,それぞれ,凹凸曲面[4]および鞍面の場合が示してある.どちらの場合でも,仕組みは同じことなので,同じ記号が用いられている.点Pは曲面上の任意の点であり,向きのある線分nは曲面の法線,すなわち,垂線である.この線分nを含む平面を考えてみると,この平面が曲面と交わるところは,1つの曲線になっている.

このような曲線のうち,曲線$\mathcal{K}$が点Pにおいて最大の曲率$\varkappa$をもち,曲線$\mathcal{L}$が最小の曲率λをもつものとしよう.これらの曲率$\varkappa$およびλを点Pにおける〈主曲率〉という.主曲率の2つの値が等しくない場合には,曲線$\mathcal{K}$および曲線$\mathcal{L}$が90°で交わることが証明できる.図4.3(b)の鞍面の場合,正負

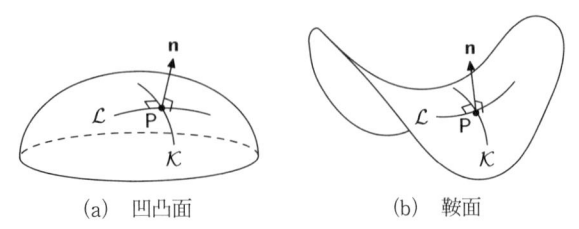

(a) 凹凸面　　(b) 鞍面

図 4.3　曲面の曲率
(a),(b)両図においてnは点Pにおける法線である.曲線$\mathcal{K}$と$\mathcal{L}$はnを含む平面と曲面が作る曲線の集合のうちで,Pにおける曲率がそれぞれ,最大のものと最小のものである.これら2つの曲率の積をガウス曲率という.

---

[4] 普通の言い方では,図4.13(a)の曲面を上からみれば,凸であり,下からみれば,凹ということになろう.しかし,この区別は,目下の議論では重要でない.

の与え方は任意ではあるが，主曲率の，一方には正の符号が，他方には負の符号が与えられており，したがって，κ および λ は異符号である．点 P における〈ガウス曲率〉というのは，2 つの主曲率の積 $\kappa\lambda$ によって定義される量である．したがって，ガウス曲率は，凹凸面では正（図 4.3(a)），鞍面では負（図 4.3(b)）である．

凹凸点および鞍点は，数学用語では，それぞれ，〈楕円的（elliptic）〉および〈双曲的（hyperbolic）〉な点と呼ばれる．主曲率のうち，いずれか一方がゼロであるような点は，〈放物的（parabolic）〉な点と呼ばれ，両方ともゼロの場合には〈平面的（planar）〉な点と呼ばれる．

円筒形の側面は，放物的な点から成立しており，平面は平面的な点から成り立っている．しかしながら，平面でない面の上に，平面的な点が存在することもある．実際，図 4.4 の点 P は平面的な点である．

図 4.4 に示されている曲面は〈猿の腰掛け〉と呼ばれている．猿には，2 本の足ばかりでなく，尻尾を置く場所が必要になるというのがこの曲面の名の由来である．点 P，すなわち，猿が腰掛ける点では，主曲率は 2 つともゼロ，したがって，ガウス曲率もまたゼロである．この曲面のこれ以外の点はみな通常の鞍点であり，したがって，ガウス曲率は負の値をもつ．

平面の上では，ガウス曲率はどこでもゼロである．平面が巻物のように巻かれても，曲率はゼロのままである．半径 R の球面上では，曲率はどこでも正の一定値 $1/R^2$ である．球は，どこでも一定の曲率をもつ唯一の曲面である．物理的にいえば，〈球〉は平面と異なり，引き伸ばすことなしには"曲げ"られないことを意味している．だから，球面状の殻が直方体の箱よりも頑丈なの

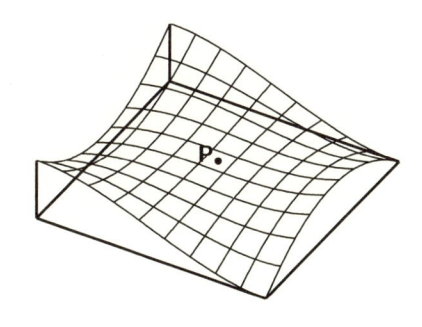

図 4.4 猿の腰掛け
点 P だけが変則的な点で，他は，すべて，通常の鞍点である．

(a) 擬球　　　　　　　　　(b) トラクトリックス

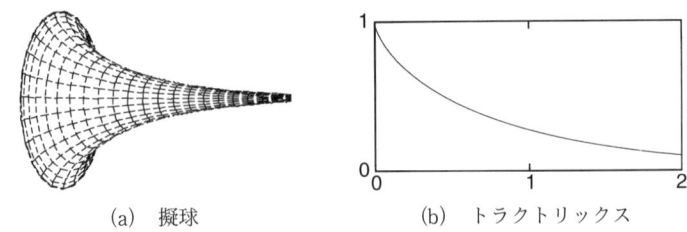

図 4.5 擬球はトラクトリックスを回転して得られる曲面である．擬球 (a) はトラクトリックス (b) を水平軸のまわりに回転させて得られる．トラクトリックスという曲線は右方に向かって無限に延長できる．トラクトリックスというのは，最初 $(0,1)$ という点，すなわち，囲みの長方形の左上の角にあった錘に，長さ 1 の紐の一端を結び，他端を長方形の底辺にそって動かすときに，錘が引きずられた跡としてできる曲線である．紐の，引っ張る方の端は，最初，点 $(0,0)$ にある．紐は，囲みの長方形の底辺にそって右に引っ張られる．こうしてできる曲線は，摩擦による抵抗には依存しない．つまり，錘が置かれた平面が氷であっても，コンクリートであってもよろしい．

である．ところで，曲率が〈負の一定値〉をとるような曲面というのは，われわれにはなじみのないものであるが，このような曲面の一つが，〈擬球 (pseudosphere)〉として知られているもので，図 4.5 に示されている．

擬球の各点は鞍点である．主曲率 $\varkappa$ および λ は，(1) 垂直な横断面による円形の切り口，(2) 水平軸を含む平面による切り口が作る曲線の曲率である．図 4.5(a) に示された擬球のガウス曲率が一定であることは，$\varkappa$ の値が大きくなるにつれて（すなわち，垂直な円形の切り口が小さくなるにつれて），これに対応する λ の絶対値が小さくなる（すなわち，放射状の切り口の接触円の半径が大きくなる）ことから納得できるだろう．擬球（図 4.5(a)）は，水平線を回転軸として，トラクトリックス (tractrix，牽引曲線) と呼ばれる曲線を母線として回転すれば得られる．いいかえれば，図 4.5(b) の曲線を，これを囲む長方形の底辺を軸として回転するのである．

ガウス曲率の内的性質は，次に述べる「平面国」の続編や，「球面国」において重要な役割を果たしている．平面国の住人は，実際にガウスのいう〈驚異の定理〉を証明するところまではいたっていないが，ガウスの結果を確認するような観察を行っている．

第 4 章 円 環 面 国　　　　　　　　　　　　83

■ 円環面国——空想物語

　さて，平面国の住人は，観測の結果，その宇宙が平面でも球面でもないことを知った．実際，彼らが，その住む世界を自動車のタイヤの中のチューブのような円環面状のものと考えたとしよう．図 4.6 にはこのような曲面が示されているが，これは数学ではトーラス（torus）とか円環面とか呼ばれている．次に述べるのは，その発見にまつわる話である．

　アボットが「平面国」を書いたのは，一面，たとえば，ヴィクトリア時代の女性の境遇を対象とした風刺でもあった．しかし，ここでは，円環面国（歴史的にいえば，平面国としても，球面国としても知られている）の幾何学の問題に話を限るとしよう．まず，この円環面国＝球面国＝平面国の生活上の幾何学的事実をまとめておくことにしよう．

- 円環面国の住人は 2 次元的存在である．彼らは，この世界を離れて，その世界全体を，直接，見渡すことはできない．そこで，われわれの場合と同様，仮説を立てたり，科学的調査法にもとづいてこれを検定することによって，その世界を研究しなければならない．
- 円環面国では，線分は円環面上の 2 点を結ぶ〈完全に円環面に載っている最短経路〉として定義される．この線分は，一般的には，3 次元空間における直線に，ピッタリ載っているわけではないので，数学者達は，線分より〈測地線〉という言葉を使いたがるのだが，円環面国の一般住人は，この線分という言葉にこだわっている．
- 円環面国の住人は "線分" の長さを測ったり，描いたり，また，角度を測定することができる．

　円環面国の住人は，主として，次の 2 つの実験にもとづいて，その世界に関する仮説を立てている．

実験 1．〈世界一周旅行〉：　正反対の方向に向かって旅行を続けた，平面

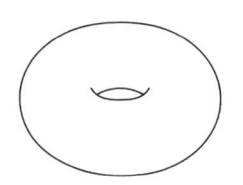

図 4.6　トーラス：円環面国の世界

国の2人のコロンブスが，数々の冒険の末，遠いところで出会った．

実験 2．〈三角形〉： 三角形の内角の和が180°を超えることが発見された．180°との差は実験誤差として説明できる範囲のものではなかった．

これらの実験のうちで面白いのは，三角形に関するものの方なのだが，まずは，世界一周旅行の方からみてみよう．

この実験1によれば，この平面国が実は，平面ではないことになる．しかし，世界一周旅行の結果は，トーラスの幾何学となら，つじつまがあっている．実際，図4.6をみれば，トーラスの場合，2つの相異なるタイプの周回路が可能である．大きい方の周回路は水平な平面上にあり，小さい方は垂直な平面上にある[*2]．さらに，このような周回路の存在は，この平面国がトーラスであるとする幾何の他の仮定とも矛盾していない．

三角形の測定

平面国の住人は，ユークリッドの幾何学を独自に発見しており，これこそが，その世界を説明する決定的なものだと信じてきた．そこで，三角形に関する実験2の出発点もユークリッドの平面幾何学であった．

【定理 4.1】〈三角形の内角の和は180°である[5]．たとえば，図4.7において $\alpha+\beta+\gamma=180°$ である．〉

世界一周旅行の成功後，平面国の科学者たちは，平面国が，実は，ユークリッド平面のような平面ではないと信じるようになった．さらに，ユークリッドの幾何学の定理の中には，現実に合わないものがあるとも考えるようになった．指導的な科学者であるアジムス・アフェリオン[*3]は平面国が巨大な球であると考えて，定理4.1が実際に成立しているのかを調査させてみることを提

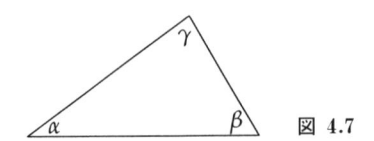

図 4.7

[*2] 訳注：実は，トーラスには，もう一種類，ヴィラソー（Villarceau）の円と呼ばれる，斜めの周回路が存在する．

[5] これは単なる架空の定理ではなく，実際のユークリッド幾何学の定理である．

[*3] 訳注：方位角，遠日点という意味．

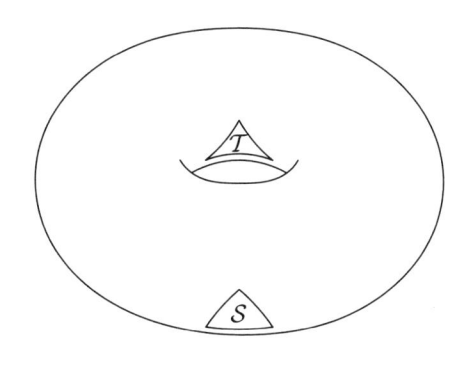

図 4.8 平面国の住人が 2 つの三角形について内角の和を測ったところ $\mathcal{S}$ では 180°を超え，$\mathcal{T}$ では 180°より小さかった．

案した．

　この定理は，製図上，測量上の誤差範囲内では，繰り返し確認されているのではあるが，三角形がウンと大きくなれば，180°との不一致もはっきりとするだろうというのが，彼の主張であった．そこで，三角形 $\mathcal{S}$（図 4.8）を選んで，注意深く測定した結果，定理 4.1 に反して，内角の和が〈180°を超える〉ことが発見されたのである．

　この発見は，平面国の科学界に大きな衝撃を与えた．この実験の結果，平面国が平面ではないらしいということが一般的にも拡がり，また，多くの者がアフェリオンの球面国仮説を妥当なものと考えた．

　しかし，もちろん，これを疑う者もいた．その先頭に立ったのがペリドット・ペリギー[*4]という女性で，彼女は球面国仮説検証のための遠征隊を組織し，平面国内の他の場所で，異なる三角形 $\mathcal{T}$ の内角の和を測定してみることにした．ところが，科学界も驚いたことには，ペリギーの測定によれば，$\mathcal{T}$ の内角の和は，180°よりも，明らかに小さかったのである．球面ならば，内角の和は〈180°よりも大きい〉はずなので，この発見は球面国仮説と矛盾しているとペリギーは指摘した．

エピローグ

　ペリギーが円環面国理論を発表するや，平面国＝球面国＝円環面国は，混乱して，大災害が降りかかったような状態になった．自動車修理工は，タイヤのチューブから空気を抜いて，ごちゃごちゃに積んだ山に放り投げてしまった．

[*4] 訳注：橄欖（かんらん）石，近地点という意味．

この事件は，まったくひどい話であったが，しかし，円環面国にとっては，〈見せかけの〉災害にすぎなかった．実際，円環面国の幾何がほんのちょっと変わっただけだったので，生活にはほとんど変化はなかった．距離が少し変わり，測地線がごくわずか変更されただけであった．

〈面上〉の測地線の長さの測定にかかわるだけの幾何学は，その〈内的幾何学〉と呼ばれる．2次元の面の内的幾何学は，その面が3次元空間にどのように〈はめ込まれている〉のかに関する情報をもっていない．引き伸ばしたり，縮めたりしなければ，面を〈曲げて〉も内的幾何学には何の影響もない．たとえば，平面に関する内的幾何学の場合には，巻物のように巻かれても，普通の平面との区別はつかないのである．

三角形調査プロジェクトは円環面国の内的幾何を知るためのこころみであったのだ．

また，自動車修理工がチューブの空気を抜いて捨てたとき，チューブが3次元空間にはめ込まれているその形にこそ，大きな変化がみられるものの，チューブの中の内的幾何には変化がないことがわかった．

円環面国の住人にとっては，チューブが3次元空間にどのようにはめ込まれていようとどうでもよいことである．これと同様，われわれも宇宙について，その内的幾何以上のものを知ろうと望むことはできないのである．

■ 三角形の過剰角

平面国の住人による三角形調査の功績には，さらに付け加えるべきことがある．一般的にいって，この種の測定から何が見つかるだろうか？　手始めに，球面上の三角形調査の場合を考えよう．

たとえば，図4.9のTのように球面上，大円で囲まれた三角形は〈球面三角形〉と呼ばれる．球面三角形の内角の和 $\alpha+\beta+\gamma$ はつねに180°より大きいのである（ここで，180°がπラジアンだということを思い出してほしい）．そこで，その差をラジアンで測った値

$$\alpha+\beta+\gamma-\pi \tag{4.1}$$

を〈球面過剰角〉という．

球の半径をRとしよう．このとき，球面三角形Tの球面上における面積は，

第4章 円環面国

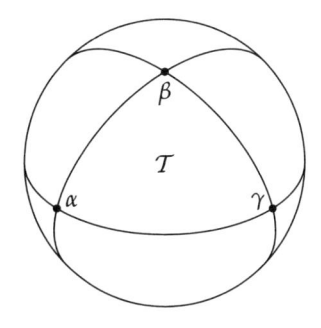

図 4.9 球面三角

球面過剰角に R^2 を乗じた

$$R^2(\alpha+\beta+\gamma-\pi)$$

である．これは，フランスの数学者アルベール・ジラール（Albert Girard, 1595-1632）にちなんでジラールの公式と呼ばれている．

　球面でない面の上に描かれた（たとえば，図4.8の S や T のような）三角形の場合にも，(4.1) 式にはそれなりの意味がある．しかし，面が球面でない場合に (4.1) 式の角を球面過剰角と呼ぶのは不適当だから，〈三角形過剰角〉と呼ぶ方がよいだろう．また，この値と曲面上の面積との関係はもはや成立しなくなる．図4.8でいえば，S と T の三角形過剰角は，それぞれ正と負の値になる．測地線間の角度は，内的な性質であるから，三角形過剰角もまた，内的な性質である．

　三角形過剰角には際だった性質があるが，これを図4.10のトーラスを用いて説明することにしよう．この図で，点線で示した円はトーラスの天辺で平面と接触する所である．図には示されていないが，トーラスの底が床面と接して作る円も同様のものである．

　これら2つの円は，トーラスの面を2つの部分，すなわち，外側の部分 $\mathcal{O}$ と内側の部分 $\mathcal{I}$ に分ける．自動車のチューブでいえば，外側の部分はタイヤ

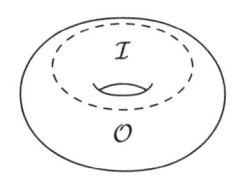

図 4.10 領域 $\mathcal{O}$ は凹凸面であり，領域 $\mathcal{I}$ は鞍点から構成されている．

(a) 凹凸面　　　　　　　　(b) 鞍面

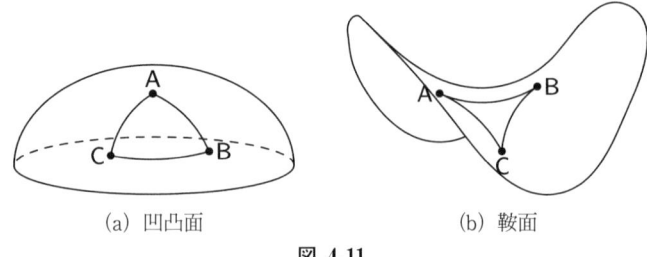

図 4.11

のトレッド（接触面）に触れる部分である．全体が外側の部分 $\mathcal{O}$ に含まれる三角形の三角形過剰角は正の値をもち，全体が内側の部分 $\mathcal{I}$ に含まれる三角形の三角形過剰角は負の値をもつ．$\mathcal{O}$ と領域 $\mathcal{I}$ という部分領域がもつ幾何学的性質は，目でみることもできるし，手で触って感じることもできるように，領域 $\mathcal{O}$ は凹凸面であるし，領域 $\mathcal{I}$ はどこでも鞍面になっている（図 4.11(a) および(b)参照）．いいかえれば，$\mathcal{O}$ は楕円的な点，$\mathcal{I}$ は双曲的な点から成り立っている．また，$\mathcal{O}$ と $\mathcal{I}$ を分ける境界をなす円は平面的な点から成り立っている．

　なめらかな面の点は，双曲的な点，楕円的な点，放物的な点，平面的な点に分類されるが，これらですべてを分類しつくしたわけではない．これらは通常の場合であり，これらの分類のどれにも当てはまらないような点を特異点という．

　三角形過剰角の数値は，その符号がもつ意味のみならず，他にも幾何学的な意味をもっている．三角形過剰角の値は，その三角形領域の〈全曲率（total Gaussian curvature）〉に等しくなっているのである．この値を，その三角形領域の面積で割った値が〈平均曲率（average Gaussian curvature）〉である．平面国の住人にも，三角形過剰角の測定は可能であるから，これは，その面の内的性質ということになる．このことによって，ガウスのいう〈驚異の定理〉，すなわち，ガウス曲率が曲面の内的性質だという主張の定理が確認されたことになる．

　面に閉じこめられた尺取り虫が曲面を這っていくと，双曲線的な点にさしかかれば，山の峠のように感じ，楕円的な点にさしかかれば，山の頂上か，〈くぼみのように感じることだろう．尺取り虫は〈仮に，ひどい近眼であっても〉，

双曲線的な点と楕円的な点の区別をすることができる．いいかえれば，この区別は曲面の局所的な測定だけによることだからである．

これまでは，面が曲がっているとか，平坦であるとかいうことを，局所的な性質として論じてきた．次では，ユークリッド幾何学の場合を考えてみることにするが，このユークリッド幾何学では，平坦ということが〈大域的〉な意味でとらえられる．さらにそのあとで，〈非〉ユークリッド幾何学では，曲率にも大域的な意味が与えられることを説明しよう．

ユークリッド幾何学

古代エジプト人やバビロニア人は，土地を造成したり，分割したりするという実際的必要性から，幾何学の問題を考えるようになった．たとえば，エジプト人は図 4.12[6] に示されているような角錐台（底辺が正方形のピラミッドの頭の部分を切り取った形）の体積を求める方法を知っていたのだが，一方において，四辺形[7]の面積を求める方法としては，〈間違った〉方法を使っていたのである．つまり，エジプト人が，幾何学的命題の厳密な検証法をもっていなかったことは明らかである．

しかし前6世紀になると，ギリシャ人たちが，科学の歴史上決定的な進歩をみせた．すなわち，幾何学的な命題というものは，公理[8]と呼ばれる比較的少数の自明な仮定から演繹できることを発見したのである．この〈公理的方法〉と呼ばれる，体系的な証明法は，数学および科学における理論的な道具とし

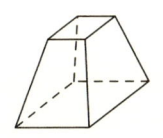

図 4.12 角錐台——頭を切り落としたピラミッド

---

[6] 近代的な書き方では，上底と下底をなす正方形の辺の長さを a および b とするとき，体積は $h(a^2+ab+b^2)/3$ で与えられる．
[7] 四辺形の辺の長さを順に a, b, c, d とするとき，エジプト人は面積が $(a+b)(c+d)/4$ になるという誤った公式を用いていた．
[8] 以下でもわかるように，〈平行線公理〉という公理は，他の公理にくらべて自明ではない．

て，それ以後ずっと重要性を保ち続けたのである．ユークリッド（Euclid，前295？頃活躍）は，その「原論」において，幾何学を形式的公理系として編集した．「原論」はユークリッド自身の業績ばかりでなく，多くの古代ギリシャの数学者たちの業績から成り立っている．この書は，今日でも，学校幾何学の世界的原典であり，学問上，最も寿命の長い教科書である．

　幾何学的な事実を納得するにはいろいろな方法がある．図をみてもよいし，測ってみてもよい．教師や教科書の権威を受け入れることもできる．ユークリッド幾何学は，われわれによくわからせるというよりは，幾何学上の諸事実が，公理と呼ばれる少数の仮定から論理的に導かれることを示すものである．それでもこの，公理にもとづく証明法は，体系的であり，整理されており，信頼性の高いものである．幾何学にせよ，他の分野にせよ，直観のひらめきや想像力のほとばしりによって，すばらしいアイデアが得られることもあるが，公理的方法は，このようなアイデアに正当性を与える方法である．すなわち，われわれの"空中楼閣"に土台を与える方法である．

　幾何学的証明というものは，その証明の〈論理〉という点に注目するとき，とくに興味深いものになる．とくに証明すべき命題が正しいと"思っている"ときには，一層興味深い．たとえば，「原論」にある，次のような記述をみてみよう．

　　命題 15．〈2つの直線が互いに交わるとき，その頂角は互いに等しい．〉

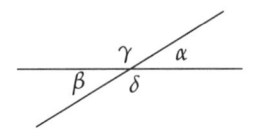

図 4.13　頂　角

　図 4.13 でいえば，この命題は，たとえば，角 α と角 β が等しいことを主張している．このことに対して，なにか別の事実を発見しようとしても，失望することになろう．というのも，われわれは，幾何学的直観からしてこの命題が正しいことがわかっているからである．

　[**証明**] まず，$\alpha+\gamma=\gamma+\beta$ が成立することに注目しよう．これは，両辺の和が平角（$180°$）だからである．この式の両辺から相等しい項 γ を引き去った残りも相等しい．よって，$\alpha=\beta$ が導かれる．

〈公理的方法〉というのは，われわれが〈理由〉をあげて論議するときに，普通に行う推論の方法を洗練したものである．しかし，公理的方法は次の3点において，さらに，厳密なものになっている．(1) きわめて明確な用語の使用．(2) 推論は論理的規則にしたがう．(3) どの命題も，推論の鎖を逆にたどっていけば，少数の仮定にたどり着くことができる．

幾何学とは，不正確な図を描いて正しい結論を導く科学だと冗談をいった人がいる．実際，教室で黒板に描かれた図が幾何学的研究の真の対象というわけではない．ユークリッド幾何学では，図が，幾何学上の抽象概念の視覚化のための，単なる補助手段であることを求めているにすぎない．図によって数学的真実に対する直観が誘発されることはあろう．しかし，だからといって，それだけで結論にまで飛躍することは許されない．すべての推論は，公理および，それ以前に証明された結果から，論理的に導かれなければならないのである[9]．

幾何学の場合でも，他の分野の場合でもそうだが，公理系では，循環論に陥らないために，いくつかの用語は未定義のままで残されている．ユークリッド幾何学の場合，〈点〉，〈直線〉，〈平面〉[10] などが，このような用語のうちに含まれる．これらは，通常の経験を前提としたものである．たとえば，直線とは砂の上につけられた印の場合もあるし，宇宙論上の目的からして，〈光がたどる経路〉とされる場合もある．

推論の正当性を検討するには，基本的な言葉の意味を無視してしまうことが

---

[9] この点において，ユークリッド自身もときどき誤りを犯している．実際「原論」に述べられている幾何学の基礎にはいくつかの不備な点がある．ユークリッドが述べているように，公理だけを用いるのだとすると，いくつかの証明では幾何学的直観が暗黙のうちに用いられていることになり，ユークリッドの求めているところと矛盾してしまう．これらの欠点，たとえば，〈中間にあること〉とか〈連続〉などの概念の取り扱いに関する不備な点は，たとえば Hilbert (1902) によって修正されている．われわれがここでいう〈ユークリッド幾何学〉は〈必要な追加と修正が成されたユークリッド幾何学〉ということにしよう．

[10] 実際，ユークリッドは点や直線や平面の定義を与えている．たとえば，「原論」第I巻の定義1には，"点とはいかなる部分ももたないものである．"と書かれているが，近代的視点からすれば，これは定義にはなっていない．というのは，それまでに定義された術語を用いて〈点〉を定義していないからである．実際，この定義は，先頭に現れる定義であり，それ以前に定義された術語は1つもない．

1つの方法である．ドイツの数学者ダーフィト・ヒルベルト（David Hilbert, 1862-1943）は公理系理論のリーダーとしてこの考え方を推進した人だが，ヒルベルトは次のように述べたことがある．"われわれはいつでも，点や直線や平面のかわりにテーブルとか椅子とかビールのジョッキといいかえてみることができなければならない．"

ユークリッド幾何学の論理的な正しさは，どんな実験をしたところで確認したことにはならない．実際，ユークリッド幾何学が論理的に正しいということは，論理的推論の規則をキチンと適用すれば，ある結論，つまり定理が，公理と呼ばれるいくつかの仮定から得られるということである．

■平行線公理

ユークリッド幾何学の公理の中で，議論の余地があるのは，ただ一つだけである．たとえば，次の公理には何の問題もない．

【公理 4.1】（結合公理）〈2つの異なる点はただ1本の直線を決定する．〉

しかし，2次元平面上のユークリッド幾何学において，次の〈平行線公理〉だけには，議論の余地が残されている．

【公理 4.2】（平行線公理）〈1本の直線 $\mathcal{L}$ とこの上にない点 P が与えられたとせよ．$\mathcal{L}$ と同じ平面にあって点 P を通り，どのように長く延長しても $\mathcal{L}$ と交わらない直線がただ1本存在する[11]．〉

ユークリッド幾何学の，他の公理にはみられないことだが，公理4.2には，疑わしく思わせるものがある．われわれは，直線を無限に延長したものを全部見渡すわけにはいかないのであるから，"直線をどんなに延長しても"という文言から結論までには飛躍がある．実際，公理4.2はユークリッド幾何学の範囲内でも長い間，熟慮検討されてきたのだが，これは場違いなことだった．クラウディウス・プトレマイオス（Claudius Ptolemy, 2世紀頃）からアドリア

---

[11] 平行線公理をこの形で述べたものは，スコットランドの数学者ジョン・プレイフェア（John Playfair, 1748-1819）にちなんでプレイフェアの公理として知られている．ジョン・プレイフェアは建築家ウィリアム・プレイフェア（William Playfair, 112ページ参照）の叔父にあたる人である．プレイフェアの公理はユークリッドの「原論」に述べられた平行線公理と等価であるが，ずっと見通しがよい．

ン・マリー・ルジャンドル（Adrien Marie Legendre, 1752-1833）にいたるまでの1,000年間，何人かの数学者たちが，この公理が他の公理から導けることを証明しようとしてきたのだが，失敗に終わっている．今日では，そのような証明そのものが存在しないことがわかっているので，彼らの努力は無駄であったことになる．イエズス会の司祭であり，パヴィア大学の教授でもあったジローラモ・サッケーリ（Gerolamo Saccheri, 1667-1733）は，非常に洗練された〈間接的証明〉を試みた．すなわち，公理4.2が誤りであるという仮定のもとで膨大な結果を導いたのである．サッケーリは，自分が平行線公理を導いたものと誤って信じ込み，1733年「汚点をとり除いたユークリッド」（Euclides ab Omni Naevo Vindicatus）という題名の書物を出版した．しかし彼は，その結果が実は新しい〈非ユークリッド幾何学〉の定理になっていることに気づいていなかったのである．ちょうど，コロンブスのように，彼自身が発見した広い，新しい土地がどこであるのかを理解していなかったのである．

■非ユークリッド幾何学

19世紀の前半は，非ユークリッド幾何学が展開されるのに，機が熟していたといえよう．ロシアのニコライ・ロバチェフスキー（Nicolai Lobachevsky, 1792-1852）とハンガリーのヤーノッシュ・ボリャイ（János Bolyai, 1802-60）という2人の数学者が，それぞれ独立に，サッケーリのものと筋は非常によく似ているが，理論的視点を異にする研究をした．彼らは，平行線公理の間接的証明をしようとしたのではなく，ユークリッドの平面幾何学そのものの変更を検討したのである．彼らは，1本の直線とその上にない1点が与えられたとき，そこを通ってもとの直線と交わらない直線が，1本だけではなく何本も引けるという公理で，平行線公理を置きかえてみたのである．ロバチェフスキーの結果は1829-30年に，ボリャイの結果は1832-33年に発表された．カール・フリードリヒ・ガウスは，その当時の数学の世界では最高峰の位置を占めていたのではあるが，これを知って，彼自身がすでに1813年にはこの種の研究をしており，発表していなかっただけだと先取権を主張してみにくい論争を始めたのである．

ここで，84ページの定理4.1が重要な役割を果たすことになる．すなわち，

この定理を導くのには，平行線公理が必要になるのである．ここで，円環面国の住人と同じように，実世界では平行線公理が成立しないのではないかと考えるのなら，三角定理を実験的に確かめてみればよいだろう．たとえば，紙の上に三角形を描いて，角度を注意深く測ってみればよい．しかし，この実験には困難な点が2つある．すなわち，(1) 宇宙空間では，紙の上に描いた直線が直線なのではなく，光の経路が直線なのである．(2) この実験が適切なものであるためには，ウンと大きな三角形を描かなくてはならないだろう．

　ガウスは宇宙が"平ら"でなく，非ユークリッド幾何学が支配する世界だと信じていたので，この仮説を検証するために，山の峰を頂点とする三角形の角度を測ってみた．この三角形の辺は，宇宙論上，標準的な直線，すなわち光線によって構成されていた．しかし，その実験の結果は，非ユークリッド幾何仮説を支持するものではなかった．つまり，測定結果では，内角の和は，実験誤差の範囲内で180°だったのであり，ガウスはユークリッド幾何学における三角定理との不一致を示すことができなかったのだ．宇宙学者の中には，それでも宇宙が平らであるということを信じない人たちもいるが，この人たちは，ガウスの実験が方向としては正しいのだが，三角形が小さすぎたのだと考えているのであろう．

　非ユークリッド幾何学は，単にユークリッド幾何学を否定する以上のものであった．非ユークリッド幾何学，もっともらしくいえば，ユークリッド平面幾何学の非ユークリッド版には2種類ある．これらは，平行線公理（公理 4.2）を，それぞれ異なる別の公理で置きかえることによって構成されるものである．

【公理 4.3】（平行線公理を楕円的公理で置き換えたもの）〈直線 $\mathcal{L}$ と，$\mathcal{L}$ 上にない1点 P が与えられているとき，$\mathcal{L}$ と同じ平面上にあって P を通る直線はどれも，$\mathcal{L}$ とただ1つの点で交わる．〉

【公理 4.4】（平行線公理を双曲的公理で置き換えたもの）〈直線 $\mathcal{L}$ と，$\mathcal{L}$ 上にない1点 P が与えられているとき，$\mathcal{L}$ と同じ平面上にあって P を通り $\mathcal{L}$ と交わらない直線は，1本だけでなくそれ以上ある．〉

　なおこれらは，〈平面〉非ユークリッド幾何学であるから，ここに出てくる直線が共面，すなわち同じ平面上にあることを，ことさらに主張しておく必要

はない.

公理 4.3 と 4.4 からは，それぞれ 2 つの異なる種類の非ユークリッド幾何学が導かれる．すなわち，〈楕円的幾何学〉と〈双曲的幾何学〉である．

楕円的幾何学を開拓したのは，ベルンハルト・リーマン（Bernhard Riemann, 1826-66）であるが，楕円的幾何学の主たる多数の定理は，それ以前に，サッケーリ，ロバチェフスキー，ボリャイ，ガウス，その他の人々によって得られていたものである．これらの人々が非ユークリッド幾何学の定理を証明し，そこに矛盾した結果が出なかったにせよ，これらがどこまでいっても，決して矛盾を生じないということを確証するにはどうしたらよいのか？その答えは，ユークリッド幾何学自身によって，非ユークリッド幾何学の正当性を証明できるということである．そのためには，ユークリッド幾何学の構造が，見かけ上，非ユークリッド幾何学になるような幾何学的虚構を構成しなければならない．

■ 非ユークリッド幾何学のモデル

ここでは，ユークリッド幾何が成立する範囲内でも，非ユークリッド幾何学を実現できることを示そう．これによって，普通のユークリッド幾何学が矛盾を含まない限り，非ユークリッド幾何学も矛盾を含まないことがわかるから，非ユークリッド幾何学に対する信頼がいっそう深まることになる．何といっても，ユークリッド幾何は歴史も長いし，ほとんどの人が矛盾がないものとして信頼しているのである．

さて，そのためには，次のようなことが必要になる．

1. 非ユークリッド幾何学における点と直線を，ユークリッド幾何におけるもので定義しなおさなければならない．ここで，新しく定義される〈点〉や〈直線〉は古い意味での点や直線である必要はない．しかしもちろん，テーブルや椅子やビールのジョッキであってよいわけではなく，ユークリッド幾何学上も筋が通っていなければならない．

2. 必要に応じて，ユークリッド幾何学の概念，たとえば，"合同性" の概念を定義し直さなければならない（ユークリッド幾何学における合同は，ある図形が〈剛体運動〉によって他の図形に重ね合わせることがで

きることだということを思い出して欲しい）．

3. 新しく定義された"点"や"直線"が公理4.3（楕円的公理）あるいは，公理4.4（双曲的公理）のいずれかを満たしていることを証明し，さらに，平行線公理以外の，他のすべての公理が真であることを示さなければならない．

楕円的幾何学のモデル

楕円的幾何のためのわれわれの宇宙は，図4.14に示されるような球面であり，対心点の対（たとえばPとP'）を"点"，球の大円（たとえば，大円$\mathcal{C}$）を"直線"と定義する．

2つの図形の"合同性"は，次のように定義される．すなわち，球を，その中心Oを通る一本の軸のまわりに回転するか，一連のそのような回転を行うことによって，一方の図形を他の図形に重ね合わせられるとき，2つの図形が合同であるという．なお，ここで〈図形〉というのは，"点"（すなわち対心点の対）と"直線"（すなわち，大円）の集まったもののことである．

この球面においては，どの2つの大円も必ず交わり，交点が対心点をなすから，平行線公理のかわりに設定した楕円的公理，すなわち，公理4.3が成立する．

図4.9にも示されているように，楕円的幾何においては三角形の内角の和は常に180°よりも〈大きい〉．

また，平行線公理以外の，他のユークリッド幾何の公理の成立を検証することもできる．これらはしかし，可能であるが，ただ厳密さのために厳密を求める以上のものではない．そこで，結合公理（公理4.1）：〈2つの異なる点はた

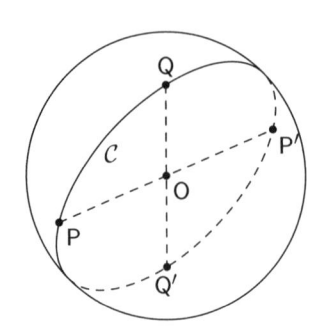

図 4.14 楕円的幾何の球面モデル

だ一本の直線を決定する.〉だけを証明しておくことにしよう.いま,2つの異なる点,すなわち,2つの相異なる対心点 (P, P') と (Q, Q') があるものとしよう.これら2つの対は相異なるので,P と Q が対心点であることも,同じ点であることもない.したがって,P と Q を結ぶ大円 $\mathcal{C}$ はただ一つあるだけである.すなわち,これが与えられた"2点 P と Q"を結ぶただ一つの"直線"である.この大円 $\mathcal{C}$ はまた,それぞれ P および Q の対心点である P' および Q' を含んでいる(対心点を結ぶ大円が1つだけではなく,実は無数にあるというのが,このモデルの難点になるのだが,このことは,こうして回避されている).

双曲的幾何学のモデル

われわれはここで,フランスの数学者ジュール・アンリ・ポアンカレ (Jules Henri Poincaré, 1854-1912) が導入した双曲的幾何のモデルを検討してみよう.ポアンカレのモデルでは,"点"というのは固定された円内にある,通常のユークリッド幾何の意味での点である.ここで,この円周上の点や円の外部の点は除くことにしよう.図 4.15 に示されているように,双曲的幾何における"直線"は円 $\mathcal{C}$ と直交する円弧,すなわち,$\mathcal{C}$ と 90° で交わる円弧である.

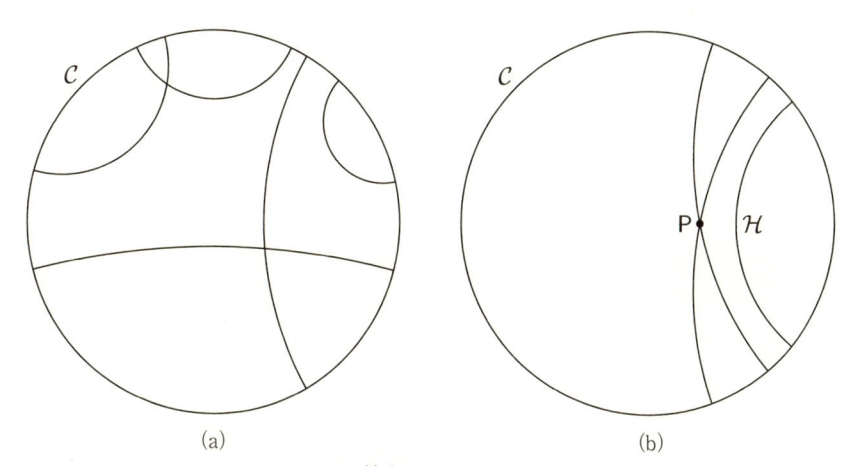

図 4.15 双曲線幾何のポアンカレのモデル
(a) 双曲的直線は境界となる円 $\mathcal{C}$ に直交する円弧である.(b) は公理 4.4,すなわち,平行線公理にかわる双曲的幾何の公理を示している.

図 4.15(b) には，平行線公理にかわる双曲的幾何の公理 4.4 が図解してある．双曲的幾何の意味における 1 本の直線 $\mathcal{H}$ と，$\mathcal{H}$ 上にない点 P が与えられるとき，P を通り，$\mathcal{H}$ と交わらない双曲的幾何の直線は，1 本だけではない．この図には，そのような直線が 2 本だけ示されているが，実際には無数にある．

ユークリッド幾何学においては，与えられた 2 点 P および Q を通って円 $\mathcal{C}$ に直交する円はただ一つしかない．したがって，ポアンカレのモデルにおいては，結合公理（公理 4.1）が成立する．

ポアンカレのモデルでは，点はユークリッド幾何のそれと本質的に同じものである．この意味で，双曲線幾何のこのモデルは，球面の対心点の対を非ユークリッド的な点とみなす楕円幾何のモデルよりスッキリしている．しかし，ポアンカレのモデルにおける〈合同性〉の概念はあまり簡単なものとはいえない．その準備として〈円に関する反転〉について述べておこう．

円の反転　図 4.16 で，点 Q は点 P の円 $\mathcal{C}$ に関する反転である．ここに，点 P は円 $\mathcal{C}$ の中心 O とは異なる点である．また，点 Q は点 P を通る半径の延長線上にあり，原点 O から P および Q それぞれへの距離の積が，円 $\mathcal{C}$ の半径の二乗に等しい．すなわち，

$$\overline{OP} \cdot \overline{OQ} = r^2$$

が成立している．

点 P と点 Q の関係は相反的である．すなわち，P は，$\mathcal{C}$ に関して，Q の反転でもある．

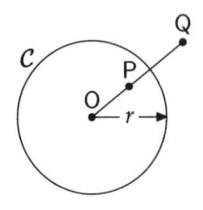

図 4.16　円に関する反転

反転は，平面上の点を，しかるべく定義された点に写す方法の一つである．数学では，このような対応を〈写像〉とか〈変換〉という．図形 $\mathcal{F}$ に属するすべての点を反転すれば，その点の集合体として写像 $\mathcal{I}$ ができる（ただし，中心 O が $\mathcal{F}$ に属する場合には，これを無視する）．このとき，円 $\mathcal{C}$ に関する

反転によって，$\mathcal{F}$ が $\mathcal{I}$ に写像されるという．円 $\mathcal{C}$ に関する反転には，いくつかの，注目すべき性質がある．

【命題 4.1】（反転の性質）〈$\mathcal{C}$ を点 O を中心とする 1 つの円の円周としよう（図 4.16）．このとき，次のような命題が成立する．

1. 円 $\mathcal{C}$ に関する反転は，$\mathcal{C}$ の円周上の点をそれ自身に，$\mathcal{C}$ の内部の点を外部の点に写像する．
2. 直線あるいは円の，円 $\mathcal{C}$ に関する反転は，直線あるいは円である．さらにくわしくいえば，
   (a) O を通らない円 $\mathcal{D}$ の，円 $\mathcal{C}$ に関する反転は，O を通らない円 $\mathcal{E}$ である．円 $\mathcal{D}$ の内部の点の集合は，O が $\mathcal{D}$ の内部にあるか，外部にあるかにしたがい，円 $\mathcal{E}$ の外部あるいは内部の点の集合にちょうどピッタリと写像される．
   (b) O を通る円の反転は，O を通らない直線である．
   (c) O を通らない直線の反転は，O を通る円である．
   (d) O を通る直線の円 $\mathcal{C}$ に関する反転は，ちょうどその直線自身になる．
3. 直線あるいは曲線の間の角度は，反転によって不変である．たとえば，2 つの，O を通らない，直交する円の，円 $\mathcal{C}$ に関する反転は，2 つの，O を通らない，直交する円になる．〉

ポアンカレのモデルにおける合同性　ポアンカレのモデルにおける，合同性の最も簡単な例は，双曲的直線に関する反転によって実現することができる．ここで，双曲的直線というのは，その境界となる円に直交する円弧であることを思い出してほしい．この種の反転は，ユークリッド幾何学でいえば，直線による反射のようなものである．〈一般に，双曲的合同というのは，1 つあるいは複数本の双曲的直線に関する有限回の反転から合成される．〉

図 4.17(a) は最も簡単なタイプの双曲的合同を示している．すなわち，単一の双曲的直線 $\mathcal{H}$ に関するものである．図形 PQR と P′Q′R′ は，その各辺（たとえば PQ）が双曲的直線の一部，すなわち，$\mathcal{C}$ に直交する円弧になっているから，双曲的三角形である．これらが，ユークリッド幾何の意味で合同でないことは明らかであるが，双曲的三角形 P′Q′R′ は PQR の双曲的直線 $\mathcal{H}$ に関する反転だから，双曲的幾何の意味においては合同なのである．

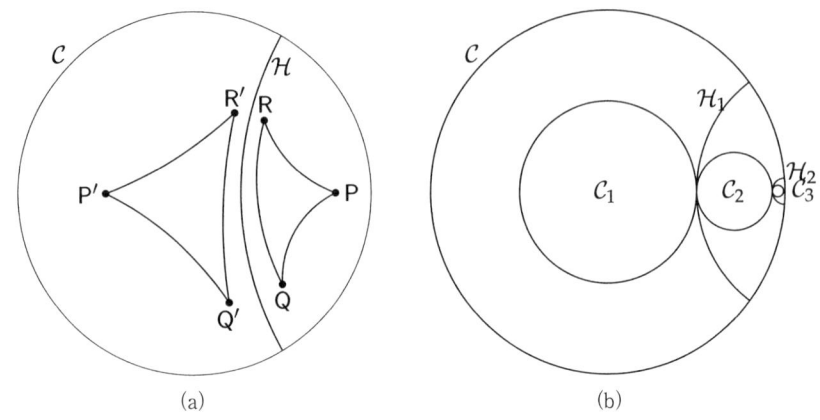

図 4.17 双曲的幾何のポアンカレのモデルにおける合同な図形
(a) 三角形 PQR と P′Q′R′ は双曲的意味において合同である．合同性は，双曲的直線 $\mathcal{H}$ に関する反転によるものである．(b) 3つの円 $\mathcal{C}_1$, $\mathcal{C}_2$ および $\mathcal{C}_3$ は，双曲幾何の意味において合同である．とくに，$\mathcal{C}_1$ および $\mathcal{C}_2$ は，それぞれ，双曲的直線 $\mathcal{H}_1$ および $\mathcal{H}_2$ に関する反転によって，$\mathcal{C}_2$ および $\mathcal{C}_3$ に変換される．

双曲的三角形の内角の和は，つねに 180°よりも小さい．これらの 2 つの合同な三角形の角度が互いに等しいことに注目してほしい．

図 4.17(a) では，双曲的直線（円弧）$\mathcal{H}$ が円 $\mathcal{C}$ の内部の点を二分している．$\mathcal{H}$ に関する反転によって，これらの 2 つの部分が互いに交換される．

図 4.17(b) は，さらに一般的な意味での双曲的合同を示している．円 $\mathcal{C}_1$, $\mathcal{C}_2$, $\mathcal{C}_3$ は双曲的幾何の意味では合同であるが，大きさが異なるので，ユークリッド幾何の意味では合同ではない．実際，$\mathcal{C}_2$ は $\mathcal{C}_1$ を双曲的直線 $\mathcal{H}_1$ に関して反転したものであり，$\mathcal{C}_3$ は $\mathcal{C}_2$ を $\mathcal{H}_2$ に関して反転したものである．2 つの反転を合成すれば，$\mathcal{C}_1$ を $\mathcal{C}_3$ にちょうどピッタリと写像するので，$\mathcal{C}_1$ と $\mathcal{C}_3$ も合同だということになる（合同であることをいうには，〈1 回の 〉反転で十分か否かを問う必要はない）．

図 4.17 の右の縁には，一番小さい円 $\mathcal{C}_3$ と境界を与える円 $\mathcal{C}$ の間に，やっとみえるくらいの小さいすき間がある．図 4.18 はこのすき間を拡大したものである．理論的にいえば，このすき間に，$\mathcal{C}_1$ と合同な第 4 の円 $\mathcal{C}_4$ などなどを挟み込むことができる．

双曲的幾何学の意味における距離は，境界をなす円 $\mathcal{C}$ に近づくほど，ユー

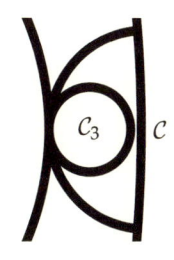

図 4.18 図4.17(b)を拡大して，C_3とCの間のすき間をくわしくみたところ

クリッド幾何学の意味における距離にくらべて，どんどんと大きくなる．境界をなす円Cは（双曲的幾何の意味で）Cの内部にあるどの点からも無限遠にある．そこで，図4.17(b)のH_1やH_2のような双曲的直線は，ユークリッド幾何学における直線の場合と同様，無限遠まで伸びていることになる．

この章は，曲線の曲率と曲面，さらに非ユークリッド幾何学への入門であった．また，内的幾何学と外的幾何学の意味についても述べた．ここで，われわれの宇宙について，2つの重要な結論を導くことができる．

1. 意味があるのは，宇宙の内的幾何学だけである．
2. ユークリッド幾何学が，幾何学として特権をもつわけではない．

次の章では，科学にとって基本的な，グラフの使用という幾何学の局面をみてみることにしよう．その発端は，しかし，それほど古いものではないのである．

第5章

眼が計算してくれる
―グラフ，座標，解析幾何学―

> 1枚の絵には，1万語の価値がある．
> ――フレデリック・R・バーナード（Frederick R. Bernard）
> Printers Ink 誌，1927年3月10日

　この章で考えるのは，視覚的，あるいは，空間的な思考を促進する数学的新機軸の導入についてである．この方法の導入の目的は，もともと，幾何学的でも，数学的なものでもなかったのだが，結果としては，幾何学上の改革をもたらすことになった．今日では，これがなかった時代を想像するのも困難である．どの新聞にも出ているごくありきたりのグラフをみてみよう．たとえば，株式や債権の相場の，時々刻々の変化を示すグラフである．グラフならば，2変数間の関係を表すのに，言葉だけでは到底望めないような効果をもたらすことができる．グラフによれば，複雑な事柄を，いっぺんに，直観的に理解させてしまう．ところが，意外なことに，このグラフというものは，20世紀に入る前には，ほとんどみられなかったのである．

　図5.1および5.2は，目盛のついた水平軸および垂直軸を用いた普通のグラフの一例である．曲線上の1点は，変数 x および y の値の間の対応関係を示している[1]．

　この章ではまた，〈座標幾何学〉について述べてみることにしよう．これは，古典的な幾何学を，グラフの概念を用いて延長したものである．しかし，歴史的にみると，座標幾何学の方がグラフに〈先行〉しているのだから，こう

---

[1] さまざまな形式のグラフをみるには Harris (1999) がよい．また，情報の，美しく，巧妙な訴え方については，Tufte (1983, 1990, 1997) を参照されたい．

いういい方も，あとからつけた理屈ということになろう．

　よく考えられたグラフならば，"1枚の絵には，1万語の価値がある"という言葉を実証してくれる[2]．この言葉がいわんとするところは，言葉ではいい表せないことが，絵ならば，はっきりさせられるということである．とはいうものの，計算機科学者ならば，逆に，絵より言葉の方が効率のよい通信法だというかもしれない．つまり，1枚の絵を電子的にコード化するには，1万語以上に相当するバイト数が必要になるからである．もう少しくわしく述べてみよう．平均的な英語の文章に出てくる単語の長さは，おおまかにいって，5文字程度だろう．これに，スペースも文字の1つとして加えることにすれば，6文字ということになる．また，普通のコンピュータでは，各文字のコード化に1バイトの記憶容量を使っている．一方，ボッティチェルリ（Botticelli）の〈ヴィーナスの誕生〉から良質の画像を得ようとすると，21万7,000バイトが必要になる．この値を6（平均的な単語のバイト数）で割れば，〈ヴィーナスの誕生〉はおよそ3万6,000語に相当することになる．ちなみに，マーク・トウェイン（Mark　Twain）の「ハックルベリー・フィン」（Huckleberry Finn, 1884）はおよそ57万バイト，すなわち，9万5,000語である．こうして計算してみると，古典的な絵画や文学をコンピュータで収集しようとすると，ディスク上，「ハックルベリー・フィン」には〈ヴィーナスの誕生〉の2.6倍の記憶容量が必要になる．しかし，「ハックルベリー・フィン」のような込みいった物語を2〜3枚の絵で語ることはできない．おそらく，100枚以上の絵が必要になるのは確実であろう．

　絵画の方が，文章よりも費用がかさむのは，初期のコンピュータの表示がもっぱら文章用だったということによる．電子記憶装置が安く，効率的なものになってようやく，アップル社のマッキントッシュのようなコンピュータの〈ユーザー用画像インターフェイス〉（業界用語でいうGUI＝graphical user interface）を用いた情報ディスプレーが可能になったのである．

　もちろん，このような分析は，単純化した話である．食物の滋養は何回噛ん

---

[2] 出典は不明だが，中国の格言．（訳注：「百聞不如一見」（漢書趙充国伝）のことか？）またこれは，Royal Baking Powderの広告にも用いられている．

だ（＝何バイト）かによって測られるものではないし，絵画や小説をコンピュータに入れると何バイトになるのかを調べたところで，美術的あるいは文学的な意味などなにもない．絵画が，コンピュータ利用上よけいに費用のかかるものだといっても，絵画と言葉が〈質的〉に異なる情報を伝えるものだということを無視するわけにはいかない．実際，図形と言葉は脳の中でも異なる部分で処理されることが医学上も示されている[3]のである．

図形的思考は，数学的思考の中で最も重要な位置を占めている．アルベルト・アインシュタイン（Albert Einstein, 1879-1955）の脳は保存されているが，これに関する最近の医学的研究によると，その頭頂葉[*1]が異常なまでに発達しているということである[4]．このことは，創造過程に関する，アインシュタイン自身の次の言葉とも符合している．

> 言語や，言葉によるものは，書かれたものであれ，話されたものであれ，私の思考メカニズムでは，何の役割も果たしていないように思われます．
> 思考の要素として働く精神的なものは，ある種の記号とか，多少ともはっきりしたイメージなどであって，それらが"自発的に"再生されたり，組み合わされたりするのです．

アインシュタインは，心の中にある視覚的な源からアイデアを得た．しかし他人には，これを言葉に置きかえて伝えなければならない．しかし，これこそが非常に難しいことだったと彼は述べている．"アインシュタインを理解するものは世界にも，n 人しかいない．"そして，その n は 20 以下だという言葉まで聞いたものだ．さらには，失敬にも，次のような戯れ歌まである．

> シュタイン一家は凄ぇ奴らだ，
> エップに，ガートに，それにアインだ．
> エップの作るなぁガラクタ塑像，
> ガートが詠む詩はでたらめだ．

---

[3] Carter（1999）参照．
[*1] 訳注：脳のこの部分は視覚，いいかえれば，空間的知覚を司る部分と考えられている．
[4] 1907 年，数学者カール・フリードリヒ・ガウス（Carl Friedrich Gauss, 1777-1855）および物理学者シリェシュトレーム（Siljeström）の脳が保存されていたので調べたところ，下頭頂小葉がとくに発達していることが認められた．Witelson, et al.（1999）参照．

おまけにアインのいうこたぁ

誰にもさっぱりわからねぇ[5]．

アインシュタインの数学的思考のうしろには，図形的思考が隠されていたのだから，図を使えば，もっとわかりやすく表現できたはずだ．もっとも，これは数学の学術誌が，そうさせてくれたならの話ではある．数学の学術誌は，高いレベルの創造性を評価するし，出版される論文については，その正確さが一つ一つ確かめられてはいるが，著者がどのようにしてその発見にいたったのかについては，ほとんど手がかりを与えていない．学術誌が，全般的にいって，著者に図の使用を妨げ，簡潔とはいえ，魅力のないスタイルを強制する理由は次の2つである．

1. 伝統的な，人間味のないスタイルを墨守させるためである．つまり，科学的な論文というものは，科学的な価値だけで評価されるべきものであり，著者の個性などは入り込む余地はないとするものである．
2. 組版の費用を削減したい．

とはいうものの，第1の理由は，理解を助けるための図の排除を強制するものではないはずである．第2の理由にしても，今日ではもう，以前のようには意味をもたない．というのも，今日では，図や数式組版用のツールをいろいろと備えた強力なコンピュータプログラムを使って，著者自身が作業するからである．たとえば，いま読者が読んでいるこの書物（原著）にしても，筆者自身が LaTeX と MetaPost を用いて組版したものである．

数学的な問題を解く上で，論理的な思考以上に図形的思考が重要だということは，あまり広くは知られていない真実だが，インスピレーションの源に関するアインシュタインの考えは，このことをちらりと覗かせてくれるものである[6]．音楽は，単に五線譜に書かれた音符以上のものであり，数学は，単に形式的な証明と式の運用以上のものである．このことは，相対性理論の発見をめ

---

[5] ジェイコブ・エプシュタイン卿（Sir Jacob Epstein, 1880-1959）は米国生まれの彫刻家．ガートルード・シュタイン（Gertrude Stein, 1874-1946）はフランス居住の米国の作家．
[6] ジュール・アンリ・ポアンカレ（Jules Henri Poincaré, 1854-1912）による Newman (1956, pp.2041-2051) 所載のエッセイおよび Hadamard (1954) 参照．

ぐる真実であるばかりでなく，初等数学の問題を解く場合にも成り立つ真実である．数学に上達するためには，注意深く，勤勉な学習が必要であるが，そればかりでなく，説明しがたい洞察力のひらめきが，漠然とした図形的・空間的な直観から生まれるのである．

グラフ

ところが，グラフが発明されたのは，驚くほど最近のことなのである．グラフは古代の遺物の中には存在しない．古代ギリシャの数学者たちは，複雑な図形をいろいろと用いてはいるが，グラフは，少なくともはっきりとは，使われていない．もっとも，アルキュタス (Archytas, 前 430-365)[7] による幾何平均の求め方には，暗黙のうちに，図 5.1 のようなグラフが用いられていたものと考えられている．

アルキュタスの方法はグラフを用いれば，ごく自然に表現できる．幾何平均は 2 つの正の値の積の平方根として定義されるが，図 5.1 では，y が x と $1-x$ の幾何平均 $\sqrt{x(1-x)}$ になっている．アルキュタスの結果は，図 5.1 のグラフが半円だという主張と等価である[8]．

しかし，アルキュタスとその時代の人たちには，図 5.1 のグラフの意味はわからなかっただろうし，それから 2,000 年を経た後の数学者たちにも，やは

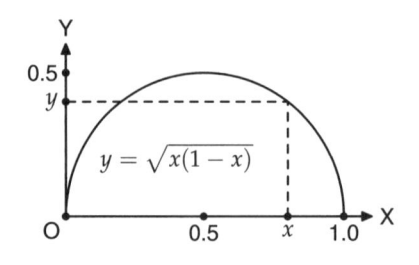

図 5.1 $(0.5, 0)$ を中心とする半径 0.5 の半円は x と $1-x$ の幾何平均のグラフである．

---

[7] van der Waerden (1975, p. 118) 参照．
[8] 証明のあらすじ：点 $(0,0)$，$(1,0)$ および (x,y) を頂点とする三角形が，直角三角形であることに注目しよう．点 (x,y) を通る垂直な直線は，この大きな三角形を 2 つの小さな直角三角形に分けるが，どちらも大きな三角形と相似である．この相似性から得られる比例関係から，求める結果が導かれる．

り，わからなかっただろう．図5.1に用いられている概念は，17世紀の終わりになって，ようやく1つにまとめられたものである．

グラフの発明を，人類の他の発明と比較してみよう．たとえば，かごの編み方が発明されたのは有史以前のことであろうが，これと比較してみよう．この発明には3つの重要な要素がある．

1. 〈必要性〉があった．かごは食べものを集めるにも，用意するにも便利である．
2. かごを作るのに必要な〈材料〉が入手可能であった．
3. かごを編む技術を考案できる〈賢い人〉がいた．

■ グラフの必要性

ガリレオ・ガリレイ（Galileo Galilei, 1564-1642）の時代にグラフがあれば，ガリレオには役に立ったことだろう．しかし，ガリレオはグラフを知らなかった．ガリレオの天才の一部分は，実験の必要性を見抜いていたことにあり，傾斜した溝の上に球を転がして経験的測定を行ったりしている．ガリレオにとっては，根本にどのような原理が横たわっているのか，前もって知る由もなかったのだが，それでも，その原理を発見している．実験に使ったのは，巧妙に考えられたものではあるが，原始的な道具であった．しかしながら，グラフが発明されたのは，ガリレオの約1世紀後のことなので，ガリレオが，その実験結果を図5.2のような形で示すことはなかったのである．

グラフの必要性は，科学と数学の発達状態と，科学者や数学者の姿勢と努力の方向によって生じたものであった．

- 〈経験科学者にはグラフが必要である．〉経験科学者が測定した結果は，

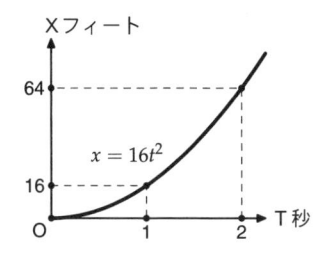

図 5.2 落下する物体の下方への運動を示すグラフ

$x = 16t^2$

グラフ上の点として現れる．このような点を何らかの方法で結びあわせてみれば，研究対象になっている現象の全体像をつかみ，その裏にある一般的な原理が何であるのかがわかってくる．
- 〈数学者にはグラフが必要である．〉たとえば，方程式をグラフに描いてみれば，方程式が具体性を帯びてくるし，その意味もわかってくる．

■ グラフの"材料"

グラフには，物質的な材料より，概念的な材料が必要である．
1. 使える〈数学的曲線〉の品揃えができていること
2. 〈数の体系〉が十分に発達していること
3. 〈代数的計算法〉が確立していること
4. 〈経験的な測定〉に対する関心があること

曲　線

曲線の研究はすでに古典時代から始まっているものの，古代ギリシャ人の考え方では，数学的な図（直線，円など）は，抽象的・数学的に定義された少数のものに限られた．2つの変数の間にある〈任意の〉関係という概念は，17世紀の中頃まで，数学的には正当なものと認められていなかったのである．

古代ギリシャ人にとっての数学的曲線というものも，ごく少数に限られていた．古代ギリシャ人が研究対象としたのは，直線や円ばかりではなく，楕円，放物線，双曲線など，128-135ページで考えるような曲線であった．これらのような曲線には大きな注意が払われたが，その他にも，少数の曲線，たとえばアルキメデス螺旋（図5.3(a)）なども考察の対象となっていた．

17世紀になると数学者たちは，この他にもいくつかの曲線の研究を始めるようになった．その中には，とくに，機械的方法によって作られるサイクロイド（図5.3(b)）のような曲線があった．このサイクロイドというのは，円を転がしたとき，その周上の1点が描く曲線である．〈サイクロイド〉という名前は1599年ガリレオによって与えられたものである．ガリレオはサイクロイドが囲む面積を求めようとして，サイクロイドの形に切った模型の目方を測るという方法まで用いたのであるが，これが実は，転がる円の面積のちょうど3倍になることを見つけるのには成功しなかった．17世紀以前には，幾何学的

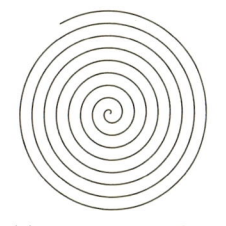

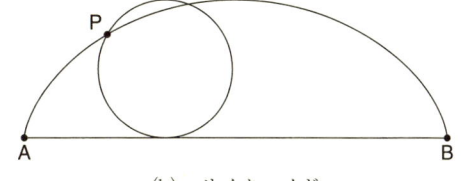

(a) アルキメデス螺旋　　　　　　　(b) サイクロイド

図 5.3 機械的な方法で描かれる曲線
(a) アルキメデス螺旋は，一定の角速度で回転する円板の上の1点によって描かれる．この点は，円板の中心と円周上の固定された1点を結ぶ直線上を，円板の回転につれて一定の線速度で動く．レコード盤の溝は近似的にアルキメデス螺旋である．(b) 円が点AからBまで，すべらずに転がるとき，点Pはサイクロイドを描く．自動車のタイヤを転がせば，タイヤの上の1点はサイクロイドを描く．

方法あるいは機械的方法によって定義される曲線だけが，数学的曲線として正統と認められるものであり，代数的方法によって作られる曲線でさえも，なかなか正統なものとしては認められなかったのである．アイザック・ニュートン(Isaac Newton, 1642-1727) でさえ，これらを排除したのである．17世紀の数学者たちは，曲線を，変わった性質をもつ〈おもちゃ〉として取り扱っていたのであるが，次第に，曲線それ自身の背後にある物事を理解するための貴重な道具とみるようになった．

数の体系

〈グラフには，よく発達した数の体系〉が必要である．数の体系が適切なものであってこそ，はじめて，平面上の点の〈座標〉を定義することが可能になる．座標というのは，平面上の点を特定する数の対である．だから，〈実数〉という近代的な概念は，〈平面上の点〉と〈数の対〉を対応させ，特定するのに理想的といえるものであった．確かに，近代的な実数概念がなければ，分母が10の分数，つまり，10進小数でも間に合っただろう．これは，概念としてならば，古代ギリシャ・ローマにまでさかのぼれるものである．そして，ガリレオの時代には，10進小数も代数も，すでに知られてはいたのである．にもかかわらず，ガリレオはこれらを使わず，傾斜した溝の上で球を転がす実験の結果の記録には，整数を用いていたのだ．

　グラフにはまた，〈負の数〉というものの理解が必要である．しかし，ル

ネ・デカルト（René Descartes, 1596-1650）やピエール・ド・フェルマー（Pierre de Fermat, 1601-65）のような17世紀の先駆的数学者たちでさえ，この負の数という概念をもっていなかったのである．

代数的計算

どのような計算ならば，数学的に正当なものと認められるのか？遠い昔には，数学者の間でも，一致した見解はなかったのである．古代ギリシャでは，正当と認められていたのは，幾何学的な計算と有理数に関する計算だけであった．9世紀になると，アラブの数学者アル・フワーリズミー（al-Khwarizmi, 780？-850？）が代数に関する著作を残しているが，その計算の正当性を裏付けるのには幾何学的方法を用いている．つまり，代数的計算は，まだ正当なものとは認められていなかったのである．

代数概念を，今日代数学を学んでいる学生にも完全にわかるような形に展開したのはデカルトである．しかし，そのデカルトにしても，代数学が，幾何学的あるいは機械的方法によって定義される曲線の研究方法になりうることまでは理解していたものの，これが，新しい曲線の世界を説明するばかりでなく，宇宙そのものの理解のための新しい強力な武器になるというところまでは気づいていなかったのである．

17世紀のヨーロッパでは，代数的計算は，その正当性がまだ議論の対象になっていた．数学者のジョン・ウォーリス（John Wallis, 1616-1703）と哲学者のトーマス・ホッブス（Thomas Hobbes, 1588-1679）の間の論争も，少なくとも部分的には，このことが根にあったのである．すなわち，前者は代数的計算の正当性を支持し，後者はこれに反対したのである．しかし，18世紀初頭になると，数学者は誰でも，代数的計算を正当なものとして考えるようになった．

経験的測定

今日では，方程式を説明するのに数学者もグラフを使うことが多いが，新聞でも，グラフは経験的な情報を表すありふれた方法になっている．

プラトン的観念論は，幾何学を尊しとし，経験主義を卑しいものとした．哲学や数学には，卑しい作業や経験的観察というものは，ほとんど，あるいはまったく必要がないとするプラトン流の考え方が，古代ギリシャ人にとって経験

科学の障害となったのである．一方，20世紀において経験科学が発達したのが，グラフ的表現という方法が盛んになったおかげであることは疑いのない真実である．

地図の作製は，経験的測定と幾何学とを結ぶ科学として大昔から存在したものである．古代のギリシャ人たちも，地図の作製や幾何学的作図を，両方とも行っていた．そこで，これらの先駆者は誰かと調べてみると，どちらについてもクラウディウス・プトレマイオス（Claudius Ptolemy，2世紀頃）に行き着く．プトレマイオスは，天文学者であり数学者であり，そしてまた地理学者でもあった人物である．彼は「アルマゲスト」（Almagest）[*2]という13巻からなる書物を著し，地球を中心とした太陽系の理論，すなわち天動説と地理を扱った．また，「地理学」（Geography）という8巻からなる書物には，地図製作上のデータと地図が収集されている．プトレマイオスの天文学はニコラス・コペルニクス（Nicolaus Copernicus，1473-1543）によってくつがえされることになるが，それにもかかわらず，緯度や経度などプトレマイオスに由来する地理学上の概念が，いまなお用いられている．しかし，古代の人々は，地図上の曲線と数学上の曲線との間には何の関係も認めていなかったようだ．

それならば，地図作製法を推進したプトレマイオスをして，グラフの発見にいたらしめなかったその障害は何かが問われるところとなろう．図5.2もそうだが，グラフの多くは何かの時間的成長の様子を表すものである．ところが，時間を正確に測定する手段をもたなかった古代の人々にとっては，これが障害となった．機械式の時計が発明されたのは中世もようやく終わりに近づいた頃のことである．ガリレオにしたところで，短い時間の測定には水槽から流れ出る水の量を測ったりしている．また，短い時間が等しいことを知るには，自分自身のリズム感覚を用いたりしているのであるが，これについては下巻227ページで述べることにしよう．

幾何学的な図にせよ，地図にせよ，どちらにしても議論の対象そのものと，形の上では似たものである．円を描けば，プラトンのいう理想の円の近似になっているし，エジプトの地図ならば，エジプトという国の形を近似したものに

[*2] 訳注：〈偉大な書〉という意味．

なっている。しかし，グラフという概念は，抽象の程度をさらに一層飛躍させることを要求するものである。というのも，グラフは，目でみたときに，それが対象と似ているとは限らないからである。

■ グラフを考案した賢い人々

　グラフを用いてデータを表現する方法は，すでに中世においても，ノルマンディーのリジュー（Lisieux）の司教ニコラ・オレーム（Nicole Oresme, 1330-82）によって考案されているのだが，それ以後数世紀にわたって用いられることがなかった。これはおそらく，中世おいては，この考案がもつ巨大な潜在力を予見する者がいなかったためであろう。

　グラフを広い範囲にわたって利用した最初の科学者は，ドイツの数学者ヨハン・ハインリッヒ・ランベルト（Johann Heinrich Lambert, 1728-77）であった（図5.4参照）。また，1785年には，スコットランドの政治経済学者ウィリアム・プレイフェア[9]（William Playfair, 1759-1823）が最初の統計的グラフを出版している。そのグラフの一例が図5.5である。フローレンス・ナイチンゲール（Florence Nightingale, 1820-1910）は，病院や看護の改革者として知られているが，医学統計のグラフ表現の先駆者でもあったことはあまりよく知られていない。ナイチンゲールは，彼女が〈鶏頭〉と花の名で呼ぶ扇型のグラフ（図5.6）を使ってクリミア戦争における死傷者の数を記録していた。

　「オックスフォード英語辞典」（Oxford English Dictionary）によれば，〈関数のグラフ〉は数学者ジョージ・クリスタル（George Chrystal, 1851-1910）が1886年に用いたのが最初である。クリスタルによる〈グラフ〉という語の用法は，本章で用いるのと同じ，おなじみのものである。また，英語の〈graph〉という語が動詞として，〈グラフを描く〉という意味で用いられるようになったのは，1898年のことである。

　同じく「オックスフォード英語辞典」によれば，〈グラフ〉という語は，さらに古く1878年に，数学者ジェームズ・J・シルヴェスター（James J.

---

[9] スコットランドの著名な建築家ウィリアム・ヘンリー・プレイフェア（William Henry Playfair, 1789-1857）の叔父であり，数学者ジョン・プレイフェア（John Playfair, 1748-1819）の弟。

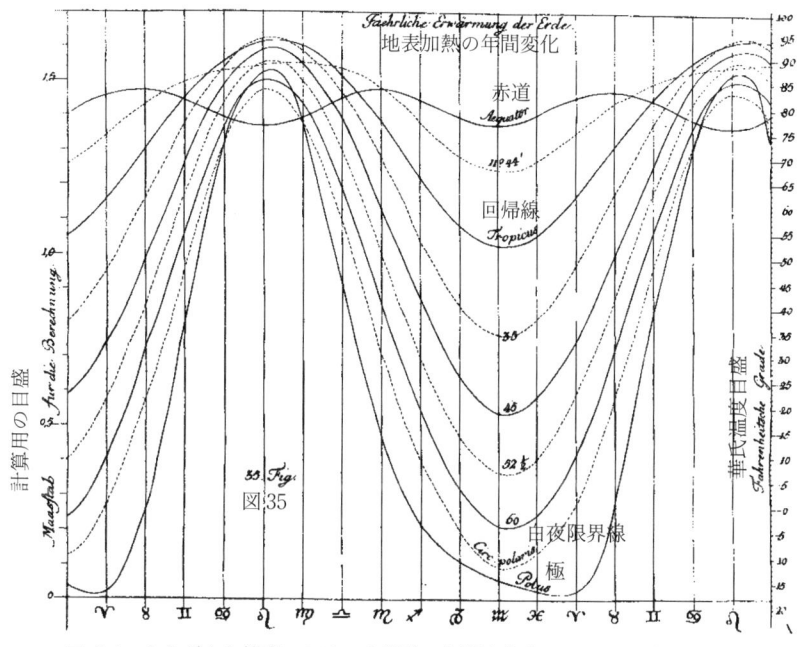

図 5.4 さまざまな緯度における太陽熱の年間変化[*3]．Lambert (1779) 参照．

Sylvester, 1814-97) によって用いられているが，そこでは，本章とは異なる意味で使われている．すなわち，シルヴェスターが〈グラフ〉と呼んだのは，今日では，化学〈構造式〉と呼ばれているものであった．つまり，シルヴェスターの用法は，数学におけるグラフという語の最近の用法 (König, 1950) の先駆けとなったものである．この意味でのグラフというのは，（普通は有限個の）点の集まり $\mathcal{P}$ と，集合 $\mathcal{P}$ に属する点の対を結ぶ線分の集まりのことである．

19 世紀の終わりには，さらに，方眼の印刷された紙を用いてグラフを描くことが一般的に行われるようになった．これは，美術工芸に先んじてのことである．実際，このような紙は今日，〈グラフ用紙〉と呼ばれている．また，今日の学生にとっては，グラフを描くことが，宿題としてごく標準的な課題にな

[*3] 訳注：南北両半球を同時に示すためであろう，月のかわりに 12 宮が用いられている．

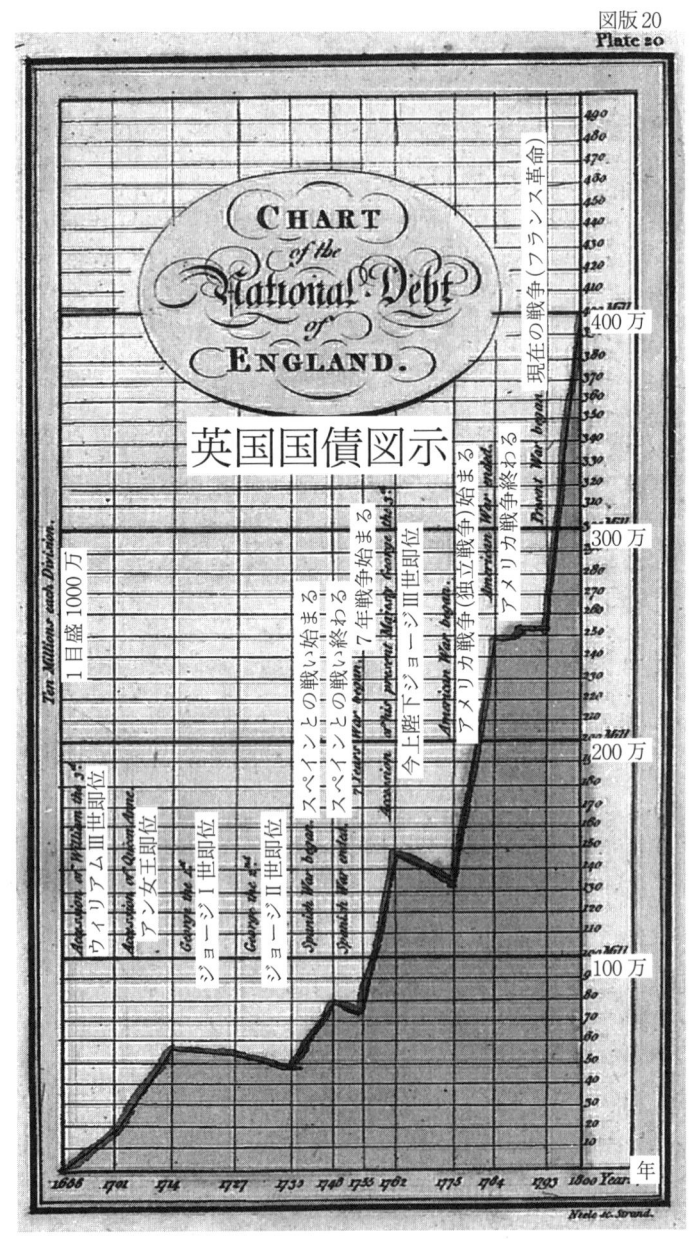

図 5.5 ウィリアム・プレイフェアによる英国の国債発行額. Playfair (1801) 参照.

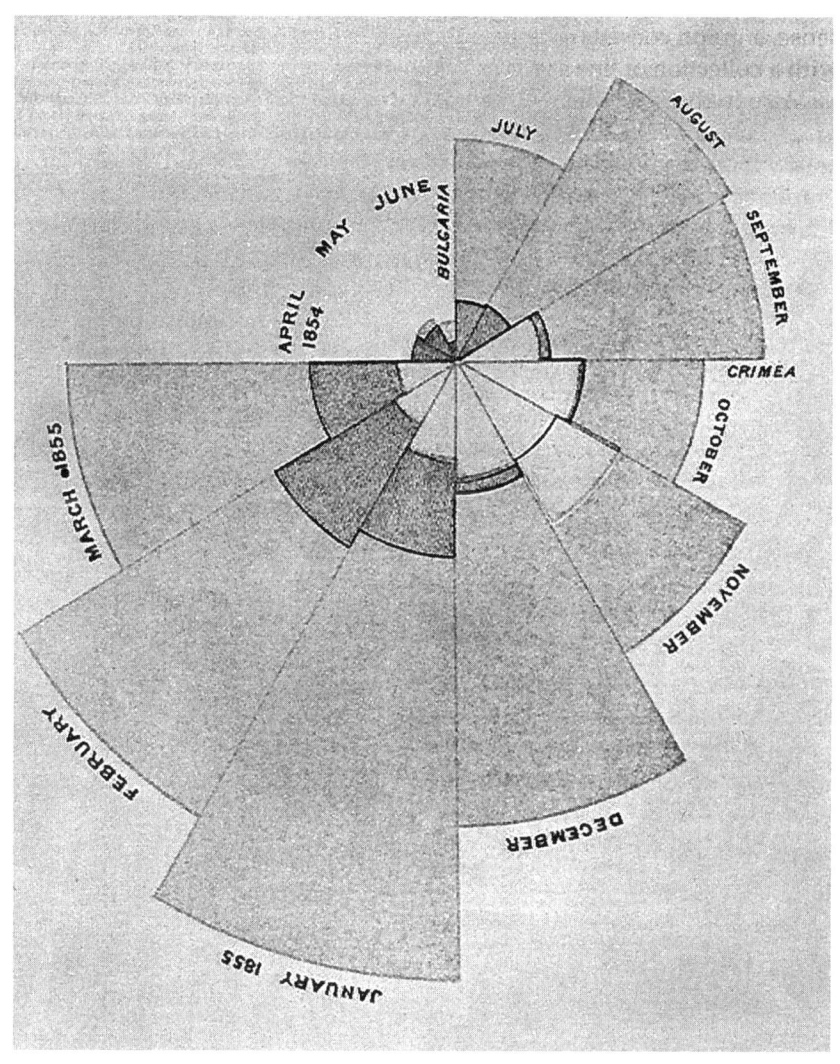

図 5.6 フローレンス・ナイチンゲールの"鶏頭"グラフ．クリミア戦争における月ごとの死傷者数を示している．外側，内側およびその間の面積が，それぞれ，病死，負傷による死亡，その他の原因による死亡者数を示している．Nightingale (1858) 参照．

っているが,1900年以前には,そのような図が印刷されたものはほとんどみられないのである.グラフが使われなかったのは,数学ばかりではない.科学一般でもそうであったし,また,新聞の経済欄でもそうであった.New York Times 紙が経済欄にグラフを示すようになったのは,ようやく 1930 年代[10] の初頭になってのことである.図 5.7 は,英国の有名な科学誌 Nature が,1879-1957 年の間におけるグラフの増加の様子を示したものである.これにみるように,1879 年にはほとんど皆無であったグラフ掲載の頻度が,1957 年にはほぼ現在のレベルに近いところまでに増加している.

ではなぜ,科学者や数学者が,グラフの利点を悟るのに,それほど時間がか

		Nature 誌のページ中		
巻	年	総ページ数	含グラフ	百分率
20	1879	644	1	0.2
40	1889	660	2	0.3
60	1899	699	14	2.0
80	1909	560	2	0.4
100	1917	520	5	1.0
120	1927	976	20	2.0
140	1937	1112	44	4.0
160	1947	916	107	11.7
180	1957	1498	267	17.8

(a)

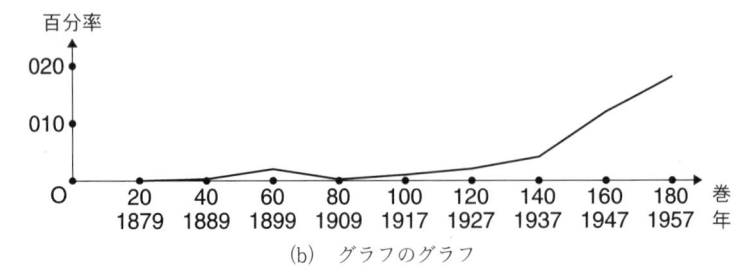

(b) グラフのグラフ

図 5.7 Nature 誌に掲載されたグラフの数
表には,1879 年第 20 巻以来,1 枚以上のグラフが載っているページの数を示している.

---

[10] 1933 年には,New York Times 紙が 50 銘柄の株価を合わせたものの〈週ごと〉および〈日ごと〉の平均値を載せるようになった.

かったのであろうか？　それにも，いくつかの理由が考えられる．

1. 活字を組む方が，図版を作るより安い．
2. 〈関数〉という数学上の抽象概念，つまり，独立変数と従属変数の間の対応関係がキチンとした形で登場したのは 19 世紀の後半のことである．グラフの数学的な正当性は，〈関数〉の概念があってはじめて成立するものである．
3. 20 世紀になると，科学と技術は洪水のようなデータを生み出した．これは，これ以前にはなかったことである．データは技術がそれを可能にしたからこそ増加したのであり，また，技術がさらに進歩するのには，このようなデータの解析が，一半の力となったのである（そこで，データを解析し，そこから結論を導く効率的な方法を見つけることが焦眉の急となった．このような需要から，高度に洗練された統計解析の方法も生まれてきたのである．しかし，膨大なデータの意味を明らかにするという点で，科学者をはじめ他の人々の助けとなったのが，グラフ表現の方法という，もっと簡単で古い方法であった）．

座標幾何学

> 私は，ここで立ち止まって，これをさらにくわしく説明しようとは思わない．そんなことをすれば，あなた方自身でこの方法を会得する喜びや，研究することによって思考が鍛えられるというメリットを奪うことになりかねないからである．というのも，私の考えでは，このことこそが，この科学から得られる主要な利益なのである．
> ——ルネ・デカルト，「幾何学」(La Géométrie, 1637)

たとえば，すでに図 5.2 でみたような直交座標系は，座標幾何学によって導入されたものである．図 5.8 には (x, y) という座標の点が示されているが，ここで，x と y はそれぞれ座標軸[11]からの距離である．座標を用いることは，今日ではもうきわめて一般的になっているので，その発見がもつ意味の深さを理解することはかえって難しいものになっている．しかし，これは古代ギリシ

---
[11] X 軸の下にある点や，Y 軸の左にある点に対応する座標 (x, y) は負の値になる．

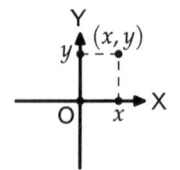

図 5.8 座標軸

ャの数学者たちには知られていなかった方法なのだ．

座標幾何学は〈解析幾何学〉としても知られているが，これは，デカルトとフェルマー[12]によって，同時かつ独立に，開発された方法である．彼らは，幾何学的な対象（直線，円など）が〈代数的な方程式〉で書くことができ，また，幾何学的な定理が代数的方法によって証明できることに注目したのである．これは，古代ギリシャの幾何学者たちが思いつかなかったすばらしい新手法であった．

デカルトもフェルマーも，今日の解析幾何学の初級で学ぶ題材の多くを発見しているはずである．ただ，彼らに欠けていたのは〈グラフ〉という概念だったといえよう．彼らの考えは，幾何学的あるいは機械的方法によって定義される曲線ならば，代数的方法によって研究が可能だとするものであった．しかし，新しい曲線を作り出す方法としては，代数学的方法を用いていなかったし，曲線というものが代数学や科学を理解する手段になるとは考えていなかった．たとえば，図 5.2 のようなグラフは，それまでになかった新しい考え方を記述しているといえよう．さらにいえば，彼らには不慣れな"負の数"というものが大きな邪魔になっていたようである．解析学の授業に当てはめていえば，かなりはじめの方で，2 点間の距離や 2 直線間の角度を求める公式が登場するわけだが，生徒のデカルトもフェルマーも図 5.8 に示されたような直交座標系には慣れていなかったはずだし，平面上の点と数の対 (x, y) を同一視するということにも慣れていなかったはずである．しかし，これは解析幾何学の

---

[12] Smith (1959, pp. 389-402)．デカルトおよびフェルマーは，1629 年に同時に解析幾何学の方法を発見している．ただ，デカルトの「幾何学」は 1637 年に出版されているが，フェルマーの論文は，その死後，1679 年になってから出版されている．デカルトとフェルマーの解析幾何学には，方程式のグラフが関連してはいるが，それにもかかわらず，座標軸がはっきりと描かれた図表はない．

根底にある基礎概念なのである．これらのことを考えあわせてみると，デカルトやフェルマーは，いったいどうやって解析幾何学を発見するなどということができたのだろうか？　その答は，彼らが，数多くの幾何学的問題を代数的方法によって解いてみたということにある．彼らは，点の座標を用いはしたが，〈明示的に〉ではなかったのである．

■ 合成と分析・解析

〈座標幾何学〉という言葉の方が，表現としては具体的であるが，〈解析幾何学〉という言葉の方が，普通は多く使われている．これとは対照的に古代ギリシャ人による幾何学は〈合成的（synthetic）〉といわれている．つまり，ユークリッドの「原論」に出てくる証明はどれも合成的な証明と呼ばれていたのである．座標幾何学はしかし，当初，そのような古い伝統から外れていたので，この点で不利であった．

語源について

数学では，〈合成的〉という言葉と〈分析的〉という言葉の意味は，一般に使われているものと同じではない*⁴．すなわち，一般的には，

　　合成（synthesis）——構成する部分を全体にまとめること
　　分析（analysis）——全体を，構成する部分にわけること

という意味である．

これに対して，数学上の言葉としての分析の意味は20世紀の間に変化している．「オックスフォード英語辞典」の1933年版によれば，

　　分析的…数学
　　● 古代の解析（Ancient Analysis），〈命題を証明するのに，その命題を，すでに証明されたそれよりも簡単な命題に分解すること〉
　　● 現代の解析（Modern Analysis），〈問題を，分解して方程式に帰着させること〉

[*4] 訳注：合成という語に対しては，とくに哲学の分野では，綜合という訳語が当てられている．また，普通，数学や物理学の分野では〈解析〉，その他の分野では〈分析〉と，訳語が使い分けられている．

となっている．

　これらの定義は，この辞書が編纂された1879年から1928年にかけて，数学者がこの語をどのように使っていたのかを反映している．〈古代の解析〉という言葉はいかにも古めかしい響きをもつが，これはたとえば，ユークリッドの「原論」に出てくるようなユークリッド幾何学の方法に対して使われたもので，今日では〈合成的（synthetic）〉といわれる意味である．〈現代の解析〉という言葉は，今日では，主として1902年に初版が発行された，ウィッテカーとワトスン（Whittaker and Watson）による書物の題名に対応するものだが，この書物は，内容としては，今日〈古典解析学（classical analysis）〉と呼ばれるものである．すなわち，当時，数学の中心部分（今日ではそうともいえないが）と考えられてきた題材を取り扱ったものである．1800年以前には，〈解析学（analysis）〉といえば，〈代数学〉の別称であったが，今日では，微積分学とその拡張発展したものを意味している．今日では，解析学と代数学は2つの別個の数学分野と考えられている．

■ 合成的証明と解析的証明

　ここで，よく知られた1つの定理について，合成的な証明と解析的な証明とを比較してみることにしよう．しかし，その前に2つの定義を与えておこう．

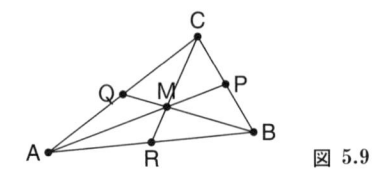

図 5.9

【定義 5.1】　**中線**　三角形の頂点と相対する辺の中点を結ぶ線分を，三角形の〈中線〉という．

　たとえば，図5.9で，点P，QおよびRは三角形ABCの3辺の中点である．線分APはこの三角形の3本の中線のうちの1本である．

【定義 5.2】　**共点**　3本あるいはそれ以上の直線が1点で交わるとき，〈共点〉という．

　図5.9において，3本の中線は共通であり点Mにおいて交わる．しかし，

このことは証明を要する．そこで，まず，合成的証明を，次に解析的証明を示すことにしよう．

【定理 5.1】〈三角形の中線は共点であり，その交点は各中線を 2：1 の比で分割している．さらにくわしくいえば，各中線において，交点から対応する頂点までの距離は，対応する中点までの距離の 2 倍である．〉

たとえば，図 5.9 で，長さ $\overline{AM}$ は $2\overline{MP}$ である．

合成的証明とは，その命題をユークリッドの公理と，それまでに証明されている結果に帰着させるものである．この証明の場合には，次の 2 つの命題に帰着させる．

【命題 5.1】〈三角形の 2 辺の中点を結ぶ線分は，他の 1 辺に平行であり，その長さは 1/2 である．〉

たとえば，図 5.10 で，点 Q と P が，それぞれ辺 AC と BC の中点であれば，線分 QP と辺 AB は平行であり，$\overline{AB} = 2\overline{QP}$ である．

【命題 5.2】〈平行四辺形の対角線は，互いに他を 2 等分する．〉

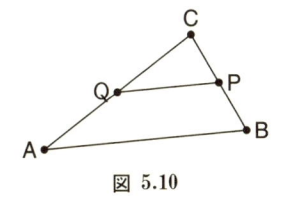

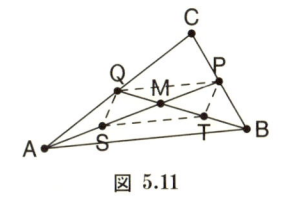

図 5.10　　　　図 5.11

[定理 5.1 の合成的証明]　図 5.11 で，命題 5.1 を用いれば，三角形の中点を結ぶ線分 QP は辺 AB と平行であり，その長さは，AB の長さの 1/2 である．中線 AP と BQ が点 M で交わるものとし，S と T を，それぞれ AM と BM の中点としよう．

命題 5.1 をもう一度使えば，破線で示した線分 ST もまた辺 AB に平行であり，長さがその 1/2 であることがわかる．こうして，辺 QP と ST が平行であり，長さが等しいことが示されるので，QPTS が平行四辺形であることが導かれる．命題 5.2 により，$\overline{SM}$ と $\overline{MP}$ という 2 つの長さは相等しい．さらに，S が AM の中点であるから，$\overline{AS} = \overline{SM}$ である．これらをまとめれば，
$$\overline{AS} = \overline{SM} = \overline{MP}$$

となるから，上にも述べたように，MがAPを2:1の比で分割することになる．

同様にして，中点Mは，中線BQを2:1の比で分割する．さらに，中線CRは（図5.9参照），点Mで他の2つの中線と交わり，Mによって比2:1で分割される．

この証明は美しいし，うまく考えられている．しかし，この証明法それ自身を発見する過程は明らかではない．そこで，"こんなの思いつかないや"といいたくなるのである．

さて次に，解析的な証明に目を向けてみよう．すなわち，古代ギリシャ人がとうてい思いもつかなかった座標幾何学を用いる方法である．筆者は，これもまた美しい証明だと思う．合成的な証明よりも短いし，それに，発見の過程も見通しがよい．また，解析的な証明には，代数計算が使われるが，これもわかりやすい．そこで，この場合には，"できたぞ"という声のあがる可能性がずっと大きい．

解析的な証明では，次の命題を使う．

【命題 5.3】 〈3本の平行線が2本の横断線と交わるとき，横断線の切り取られる部分の長さは比例関係にある．〉

たとえば，図5.12で，$\mathcal{P}_1$, $\mathcal{P}_2$, $\mathcal{P}_3$ は平行な直線であり，横断線 $\mathcal{T}_1$ および $\mathcal{T}_2$ と交わる．命題5.3によれば，次のような比例関係が成立する．

$$\overline{AB} : \overline{BC} :: \overline{DE} : \overline{EF}$$

[**定理5.1の解析的証明——その1**] 図5.13の三角形ABCで，PをBCの中点とし，中線APを2:1の比で分割する点をM，すなわち，$\overline{AM} = 2\overline{MP}$ としよう．さらに，M′とM″（図5.13には示されていない）を，それぞれ他の2本の中線を2:1の比で分割する点としよう．われわれは，〈直観的に〉Mと

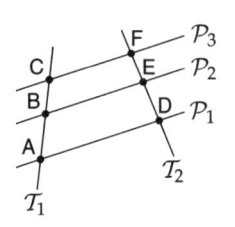

図 5.12

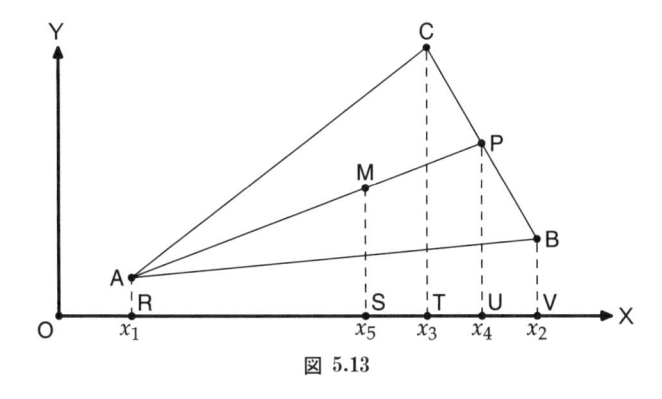

第 5 章　眼が計算してくれる　　　　　　　　　　　123

図 5.13

M′ と M″ が同一の点の異なる名称だということを知ってはいるのだが，これを証明するのが当面の仕事になる．点 A, B, C の x 座標をそれぞれ x_1, x_2, x_3 として，点 P と点 M の x 座標 x_4, x_5 を計算しよう．点 P は BC の中点であるから，命題 5.3 を使えば，$\overline{TU} = \overline{UV}$. したがって，

$$x_4 = \frac{x_2 + x_3}{2} \tag{5.1}$$

となる．同様にして，$\overline{AM} = (2/3)\overline{AP}$ という関係を使えば，$\overline{RS} = (2/3)\overline{RU}$ となるから，

$$x_5 - x_1 = \frac{2}{3}(x_4 - x_1) \tag{5.2}$$

となる．(5.1) 式を (5.2) 式に代入すれば，

$$x_5 = x_1 + \frac{2}{3}\left(\frac{x_2 + x_3}{2} - x_1\right) = \frac{x_1 + x_2 + x_3}{3} \tag{5.3}$$

となる．同様にして，点 M′ や M″ の x 成分を計算すれば，やはり，$(1/3)(x_1 + x_2 + x_3)$ という同じ値が得られるであろう．$(1/3)(x_1 + x_2 + x_3)$ という式が〈対称〉だからである．よって，3 点 M, M′, M″ の x 座標は相等しい．

同様にして，3 点 M, M′, M″ の y 座標を計算すれば，$(1/3)(y_1 + y_2 + y_3)$ となる．こうして，3 点 M, M′, M″ は同じ x 座標と y 座標をもつことが導かれ，同じ点だということになる．　　　　　　　　　　　　　　■

上の証明で中心的役割を果たしているのは，明らかに対称性である．しかも，それは図形の対称性ではなく，代数的数式の中にある対称性である．論理という点からすれば，証明そのものは疑いもなく正しい．しかし，発見の過程

上の一局面が隠れてしまっていることが，欠点として指摘されるかもしれない．——2/3 という数は，いったいどこからきたのか？　という点である．これはしかし，やはり解析的方法を用いて改善することができる．つまり，次のように証明すれば，手品のようなやり方をせずに，2/3 という数を自然に導くことができる．すなわち，上に述べた証明で選ばれた座標系は，三角形と特別な関係にあったわけではないので，座標系を特別な位置に選べば，次のような巧みな証明も可能になるのだ．

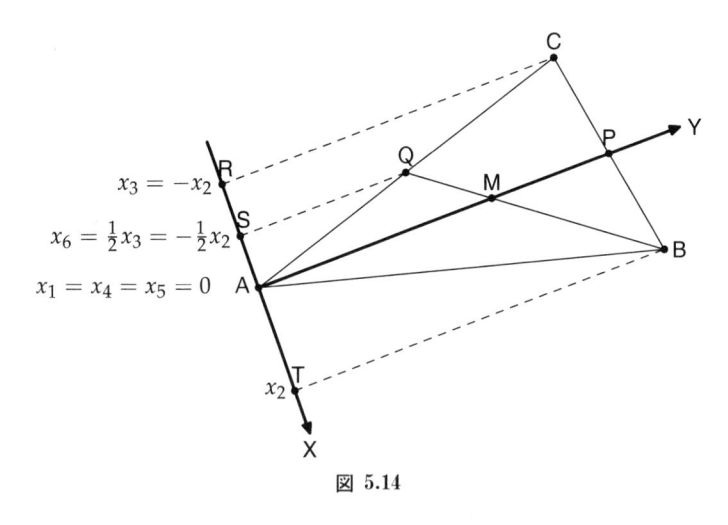

図 5.14

[定理 5.1 の解析的証明——その 2]　図 5.14 で，点 P と点 Q を，それぞれ，辺 BC と AC の中点とする．前の証明の場合とは別に，点 M を，あらためて，中線 AP と BQ の交点と定義する（前の証明では点 M を，中線 AP を 2:1 という比で分割する点として定義した．ここがこの証明の異なるところである）．

点 A を原点とし，y 軸が中線 AP 方向になるように座標軸をとる．前の証明の場合と同様，点 A, B, C, P および M の x 座標を，それぞれ，x_1, x_2, x_3, x_4 および x_5 と書くことにしよう．さらに，点 Q の x 座標を x_6 と書く．このとき，
$$x_1 = x_4 = x_5 = 0$$
となることに注意しよう．

点 P は BC の中点であるから，命題 5.3 から $\overline{\text{AT}} = \overline{\text{RA}}$ である．したがって，

$x_2 = -x_3$ となる．また，点 Q は AC の中点であるから，$\overline{RS} = \overline{SA}$ であり，したがって，$x_6 = (1/2)x_3$ である．それゆえ，$\overline{AT}$ は $2\,\overline{SA}$ に等しく，これから，命題 5.3 から $\overline{MB}$ が $2\,\overline{QM}$ に等しいことが導かれる．

こうして，〈中線〉AP と BQ との交点が BQ を 2：1 という比で分割することが示された．しかし，これらの中線は任意に選ばれたものである．だから，どの 2 本の中線の交点も，互いに他を 2：1 という比で分割することがいえたことになる．よって，3 本の中線は共点，すなわち 1 点で交わるということになる．　■

■ 直　線

直線というのは，ピンと張った糸や，平らな紙の折り目や，埃の舞う中の一筋の太陽光線などさまざまな経験を抽象化したものである．古代の大工や，測量技師，製図工などが直線を利用していたことはユークリッド幾何学の発展にとっても重要なことであった．しかしながら，現代の日常生活では，直線は，等速運動という点から，さらに重要な存在である（これは，古代ギリシャ人にとってはそれほどなじみ深いものではなかったかもしれないが）．

図 5.15 に示された等速運動のグラフは，上にあげた例の中でも，ごく普通のものである．図において，s_0 と t_0 が初期距離と初期時刻である．移動距離が経過時間に比例する，すなわち，距離 $s - s_0$ と時間 $t - t_0$ の比 v が一定のとき，この運動は一定の速度 v をもつという．この v が一定だということから，直線 $\mathcal{L}$ の方程式

$$s = s_0 + v(t - t_0) \tag{5.4}$$

が得られる．この方程式は s と t という 2 つの変数の間の関係を表している．

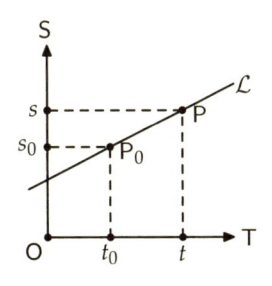

図 5.15　一定速度 v をもつ粒子の運動　移動した距離 $s - s_0$ とその時間 $t - t_0$ の比は，点 P_0 と P の選び方に関わりなく一定である．

ここに，初期位置 s_0，初期時刻 t_0 および速度 v は定数である．速度 v は，s の増加・減少に対応して正負いずれの値でもありうるが，正負を無視して大きさだけを問題にするときには，〈速さ〉と呼ばれる．

図5.15では，変数 t は時刻であり，s は距離である．しかし，s と t の解釈の方法は他にもいろいろある．中でも，最も直接的なのが s と t がともに距離を表す場合である．というのも，紙とインクという点から考えても，これらは物理的な距離だからである．s も t も，ともに距離を表す場合には，v はこの直線の〈傾斜〉と呼ばれる（傾斜には習慣的に m という文字が使われることが多い）．

この直線が道路を表す場合でいえば，水平距離 t を進むとき，高さにして s だけ上昇するのであれば，v は〈勾配〉と呼ばれ，普通，パーセントで表される．たとえば，10%の勾配というときには，水平距離で10フィート進むとき，1フィート上昇することを表している．一般に，s と t が何を意味する変数であるにせよ，v は t に関する s の〈変化率〉である．図5.15はこの変化率が一定の場合であるが，一定でない場合が，微積分学でどのように扱われるのかについては，あとの章で述べることにしよう．

列車と小鳥

次の問題は，上に述べたような一定速度の運動（図5.15参照）の直線表示と，それによって問題を表現する利点を示すものである．

問5.1 2本の列車 SC 号（大酋長号＝Super Chief）と TCL 号（20世紀特急号＝Twentieth Century Limited）が50マイル離れた距離から，それぞれ時速20マイルおよび30マイルで向き合って走っている．SC 号の先頭を飛び立った小鳥が，時速200マイルで両列車の間を行ったり来たりしている．列車がすれ違うときまで，小鳥が飛ぶ距離はどれだけになるか？

この問題の解法には，やさしい方法と難しい方法がある．難しい方の解法は，無限回にわたる各飛翔に要する時間を計算して，これが作る無限級数を求めるという方法で，長ったらしいが，計算は可能である．

やさしい方の解法は，次の通りである．両方の列車が相対的には，時速 20＋30＝50 マイルで接近していることに着目すれば，すれ違うまでにちょうど1時間かかるから，時速200マイルで飛ぶ小鳥もやはり，ちょうど200マイ

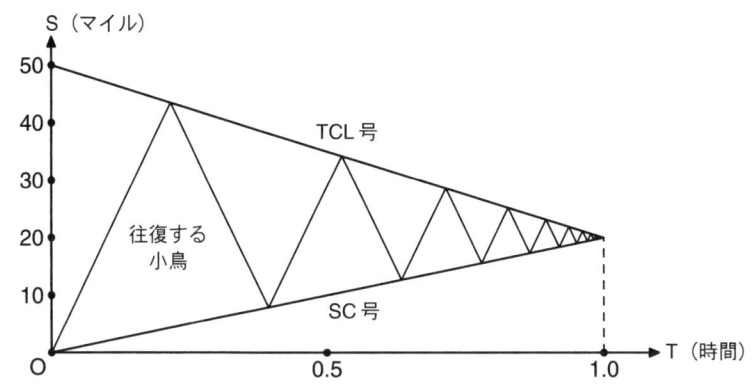

図 5.16 SC 号と TCL 号の両列車がすれ違うまでに，この間を往復する小鳥の運動

ル飛ぶことになるとするものである．

ところで，この問題は，驚異的な計算能力のもち主だったといわれる，ある数学者の伝説をめぐるものである．一般的にいって，物理学者はやさしい方の方法で問題を解くが，数学者は難しい方のやり方で解くものと考えていたある著名な物理学者が，その数学者に上の問題を出したところ，たちどころに"200 マイル"という答を出したというのだ．

"こりゃー，変だな"と物理学者．"数学者なら普通，無限級数を使うはずなのに．"

"何が変なんだい？"とその数学者．"僕は，無限級数を使ったんだよ．"

問題が，図 5.16 のように示されていれば，やさしい方の解法に気づきやすくなるだろう．この図では，2 本の列車と小鳥の各時刻における位置が示されている．すなわち，2 本の直線が両列車の運動を，折れ線が小鳥の運動を示している．

数学的に次のような議論をすれば，往復する小鳥がものすごいまでの力をもっているのがわかる．

【命題 5.4】〈往復する小鳥は無限回の飛翔をする．〉

［証明］いま仮に，最後の飛翔というものがあると仮定すれば，そのような仮定から矛盾が導かれることを示そう．この最後の飛翔では，小鳥はどちらか一方の列車を飛び立ってもう一つの列車の方に飛ぶはずである．話をはっきりさ

せるため，小鳥が最後の飛翔でSC号を飛び立ってTCL号に向かったとしてみよう．小鳥の速さは，SC号より速い．だから，小鳥がTCL号に出合うのは，SC号より先である．いいかえれば，小鳥がTCL号に到着するのは，両列車がすれ違う以前だということになる．だから，小鳥はそこで向きを変えて反対側に飛ぶことになるから，これが最後の飛翔だということと矛盾する．つまり，これによって矛盾による証明が完結したことになる．∎

■ 円錐曲線

　時計とか，お皿など，われわれの身辺には円い形のものが満ちあふれている．しかし，写真や製図などでは，円は普通〈楕円〉で表される．これは，円を透視図法で描いたものである．実際，円を目でみれば，楕円として〈映る〉．上手な静物画家が果物の鉢を描けば，鉢はほとんど完全な楕円になっている．楕円というのは，ただの引き伸ばされた円というわけではなく，キチンと定義された曲線である．楕円は〈円錐曲線〉と呼ばれる曲線の一種である．ここで，この種の曲線に属する他の曲線，つまり，〈放物線〉や〈双曲線〉についても調べてみることにしよう．

　座標幾何学の方法は，円錐曲線の性質を調べるのにもっとも強力な手段であり，解析幾何学の標準的な課程での大部分がこれらの曲線の性質を調べるのに費やされている．ここでは，座標幾何学によって円錐曲線がどのように表されるのかを調べてみるが，その前に，最初に円錐曲線を研究した，ペルガ (Perga)[*5] のアポロニウス (Appolonius, 前260?–185?) をはじめとする古代ギリシャの幾何学者たちと同じ方法を使って，これらの曲線と円錐の関係を示すことにしよう．円錐曲線という名は，これらの曲線が円錐を平面で切断したときに得られることに由来している．

　以下の議論では，〈円錐〉という語を日常普通に使われているものとは多少違う意味で用いることにする．すなわち，

- 以下の議論では，円錐は図5.17に示されているように，〈面葉〉と呼ばれる〈2つの〉部分から成り立っているものとする．しかし，場合

[*5] 訳注：小アジアの地名（ペルゲ）．

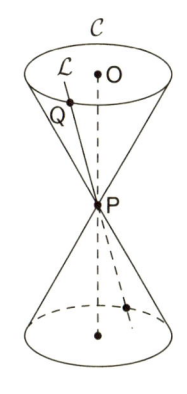

図 5.17 2枚の面葉をもつ円錐

によっては，1つの面葉だけから成り立っているものとすることもある．

- ここでの議論では，円錐は側面だけから成り立っているものとする．すなわち，図 5.17 において，天辺をなす円板と底面をなす円板は，円錐の部分にはいれない．
- 円錐は無限に伸びているものとする．したがって，図 5.17 に示されているのは円錐全体からすれば，ごく一部にすぎない．円錐は，上方にも下方にも無限に続いている．

図 5.17 において，円錐は O を中心とする円 $\mathcal{C}$ と，円錐の頂点となる点 P によって定義される．P は，O を通り，円 $\mathcal{C}$ を載せている平面に直交する，〈軸〉と呼ばれる，直線上の1点である．円錐は頂点 P を通り，円 $\mathcal{C}$[13] と交わる直線が走査するその全体である．このような直線は円錐の〈母線〉と呼ばれる．図 5.17 で，たとえば直線 $\mathcal{L}$ は，頂点 P を通り，点 Q において円 $\mathcal{C}$ と交わっているから，円錐体を構成する母線の一つになっている．円錐のすべての母線は円 $\mathcal{C}$ を載せている平面と同じ角度で交わっている．

位置と方向の異なる平面で円錐を切断すれば，異なるタイプの円錐曲線が得られる．とくに，平面が頂点 P を通る場合には，縮退した3つの場合のどれかになる．すなわち，(a) 頂点 P だけ，(b) 1本の母線だけ，(c) 2本の母線，の場合のいずれかである．(a) は，平面が母線より寝ている場合，(b)

---

[13] 〈円〉という語の数学的な意味を思い出してほしい．円というのは円周だけからなる曲線である．円とその内部を合わせたものは〈円板〉と呼ばれる．

は，平面が母線と，ちょうど，同じ傾きをもつ場合，(c) は，母線よりも立っている場合である．以下では，切断面が頂点 P を通らない場合を調べてみることにするが，平面の傾きに関する上記の条件 (a), (b), (c) は，(a) 楕円，(b) 放物線，(c) 双曲線に対応する．

楕円

図 5.18 に示されているように，円錐の母線より傾きが緩やかな平面の場合には楕円が得られる（円錐の母線はどれも同じ傾きをもっている）．この平面は円錐の頂点を含まず，また，傾きが緩いので，円錐の一方の面葉だけと交わる．円が得られるのは，平面が円錐の軸に垂直な場合であり，楕円の特別な場合である．

楕円は，科学の歴史上2回にわたって，きわめて重要な役割を演じている．

1. ドイツの天文学者ヨハネス・ケプラー（Johannes Kepler, 1571-1630）は，惑星の軌道が楕円であることを発見した．これは，観測結果にもとづくものであったが，ニュートンはこれに対して，説明を与えようと試

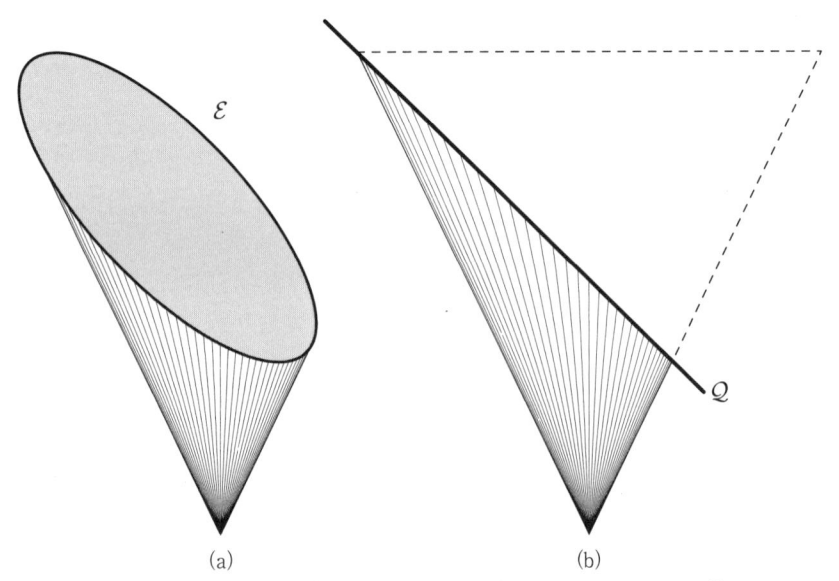

(a)　　　　　　　　　　　(b)

図 5.18 $\mathcal{E}$ は，円錐を，その母線より傾斜の緩い平面 $\mathcal{Q}$ で切断して得られる楕円である．(a) に示された形を 45° 回転したところを示したのが (b) で，平面 $\mathcal{Q}$ の〈縁〉が正面にきている．(b) の破線は，円錐の，平面によって切り取られた部分を示している．

み，その際発見したのが，〈万有引力〉の法則である．この法則は，2つの物体の間には，その質量の積に比例し，それらの間の距離の2乗に反比例する引力が働くというものである．くわしくいえば，質量 m_1 と質量 m_2 をもつ2つの物体が，距離 R だけ離れたところに位置するとき，そこに働く引力が

$$G\frac{m_1 m_2}{R^2}$$

に等しくなるような定数 G が存在するということである．

2. 後年，惑星，とくに水星の軌道が，計算通りの楕円からは少し外れていることが天文学者によって発見されたが，この微少な差異は，ニュートンによる万有引力の法則では説明しきれないものであった．この不一致を説明しようとして，1916 年アルベルト・アインシュタインが考え出したのが〈一般相対性理論〉であった．

放物線

放物線は，図 5.19 に示されているように，円錐を，その母線の一つに平行な平面によって切断したときに得られる曲線である．この平面は円錐の頂点を

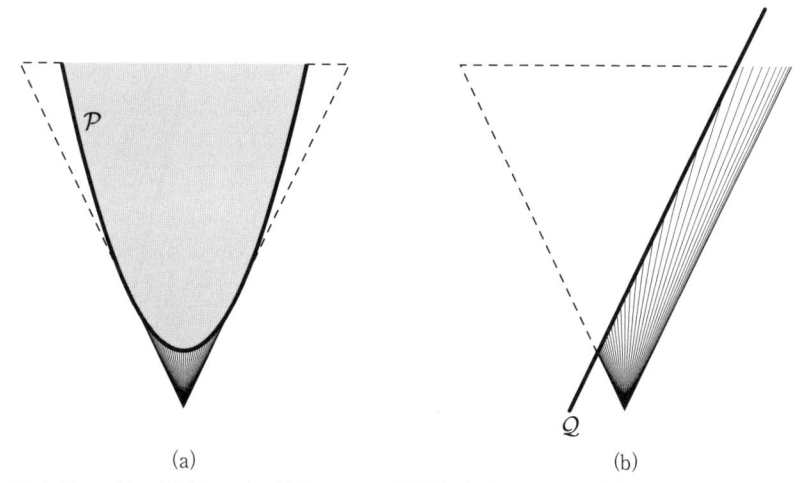

(a)   (b)

図 5.19 $\mathcal{P}$ は，円錐を，その母線の1つに平行な平面 $\mathcal{Q}$ によって切断したときに得られる放物線である．(a) に示された形を 90° 回転したところを示したのが (b) で，平面 $\mathcal{Q}$ の〈縁〉が正面にきている．(a) および (b) の破線は，円錐の，平面によって切り取られた部分を示している．

含まず，円錐の一方の面葉としか交わらない．

空気抵抗を無視すれば，ボールが投げられたときに描く軌道は放物線である．

双曲線

双曲線は，図 5.20 に示されているように円錐を平面で切断したものであるが，この平面は円錐の頂点を含まず，母線より傾斜が急なので，円錐の両方の

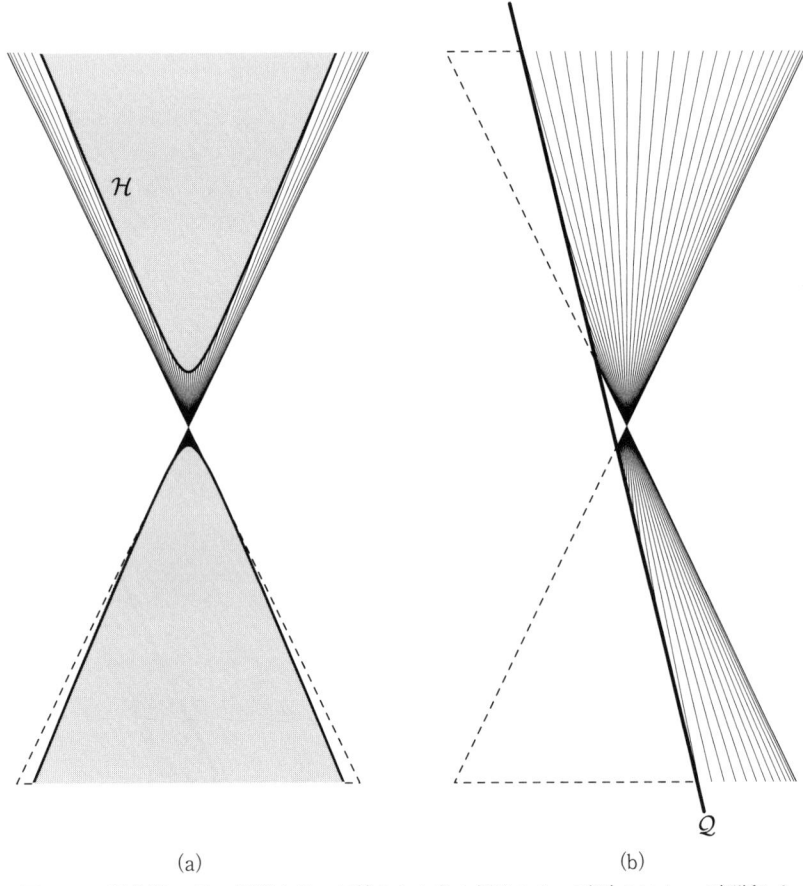

図 5.20 双曲線 $\mathcal{H}$ は，円錐をその母線よりも急な傾きをもつ平面 $\mathcal{Q}$ によって切断したときに得られる曲線であるが，平面が，円錐の 2 つの面葉の両方と交わるので，2 つの分割された部分をもつことになる．(a) に示された形を 90°回転したところを示したのが (b) で，平面 $\mathcal{Q}$ の〈縁〉が正面にきている．(a) および (b) の破線は，円錐の平面によって切り取られた部分を示している．

面葉を切断し，双曲線の2つの分割された部分をもつ．円錐の頂点からずっと離れると，双曲線は2つの〈漸近線〉と呼ばれる直線に限りなく接近する．

　彗星の中には，双曲線や放物線状の軌道をもつものがある．このような彗星は，太陽系の一部として太陽系に永住するものではなく，宇宙の奥深くからやってきて，一度だけ太陽をめぐり，また，宇宙の彼方へと去っていく星である．

　円錐曲線は，ありふれた電気スタンドでも，作ることができる．すなわち，円筒形のランプシェードを使えば，電球を頂点として円錐が作れるから，ランプシェードが壁に映す影は電気スタンドと壁の角度によって，楕円や，放物線や双曲線になったりする．

　円錐曲線は，どれも美しい曲線である．その魅力は，秩序と複雑さがほどよく混ざりあっていることにあるのだと筆者は考えている．吊り橋の構造の美しさの一部は，索条が描く放物線の優雅さによるものであろう．ただ面白いことには，吊り橋の索条は，建設中には別の，〈懸垂線〉といわれる形，すなわち，鎖を垂らしたときにできる形になっているのだが，道床が取り付けられ，水平方向に一様な荷重が掛かるようになってはじめて放物線の形になるのである．

円錐曲線の座標表示

　座標幾何学の中でもとくに重要な手法は，曲線を方程式に対応させることである．具体的にいえば，平面曲線は2つの変数を含む方程式に対応される．すでに図5.15にも示したように，この図では一定速度の運動を表す直線が，方程式 (5.4) に対応していた．さらにくわしくいえば，図5.15における直線と方程式 (5.4) の関係は次の通りである．

　　T-S 平面において，ある座標 (t, s) をもつ点は，数 s および t が方程式 (5.4) を満たす場合にだけ，図5.15の直線上にある．〈点は，その点の座標が方程式を満たす場合にだけ，その曲線上にある．〉

　図5.21には，曲線と方程式の関係の例がもう一つ示されている．すなわち，この円の方程式は

$$x^2 + y^2 = 1 \qquad (5.5)$$

であるが，これは，方程式 $x^2+y^2=1$ を満たす座標 (x, y) の点が，まさしく，

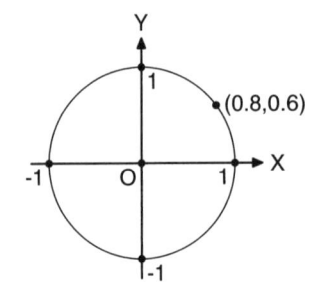

図 5.21 この円の方程式は $x^2+y^2=1$ である.

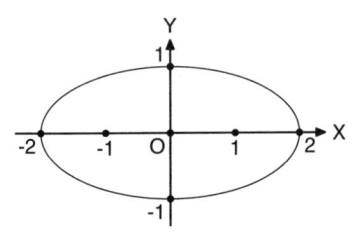

(a) 楕円：$x^2+4y^2=4$

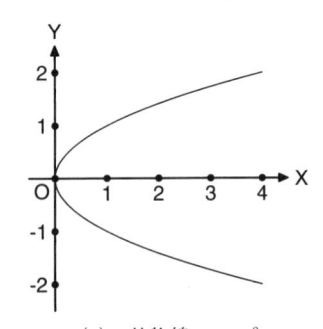

(b) 放物線：$x=y^2$

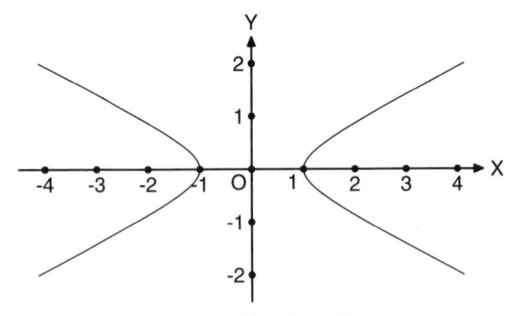

(b) 双曲線：$x^2-2y^2=1$

図 5.22 円錐曲線とその方程式

この円に属する点だということである．たとえば，点 $(0.8, 0.6)$ は，
$$0.8^2 + 0.6^2 = 0.64 + 0.36 = 1$$
というように，この方程式を満たしているから，この円に属する点である．

　方程式 (5.5) は，円のどの点についても，原点からの距離が1だということを表している．実際，ピュタゴラスの定理によれば，点 (x, y) の原点からの距離は $\sqrt{x^2 + y^2}$ に等しい．

　図 5.2 は，物体の落下距離を示す曲線で，放物線の一例である．

　円錐曲線はどれも方程式で表される．図 5.22 に 3 つの円錐曲線とその方程式を示して，ここでの議論を終わることにする．しかし，円錐曲線には，さらにいろいろな性質があり，講義にすれば，たっぷり数週間分の内容がある．そして，円錐曲線の構造と性質を導く最もやさしい方法が，図 5.22 のように座標によって表示することなのである．

　視覚による認識は，数学，日常生活を問わず，インスピレーションの源である．グラフの使用は，科学でもビジネスでも，数学と同様，20 世紀において成長・開花して普遍性を得た方法である．

　幾何学は古代以来，視覚的認識に導かれてきたが，それとともに，公理的方法が用いられるようになって確実性を得た．ルネッサンスの後期になって座標幾何学が作られ，これが公理的方法を代数的推論によって補うことになった．以下の章では，代数学の話を続けることにしよう．

付　録

用語集

あ

アルゴリズム，計算手順（algorithm）：　ステップごとの操作が完全に定められている計算手順——たとえば，長い割り算のような数学的"料理手順"．計算機科学はこのアルゴリズムと深くかかわるものである．上巻8ページ参照．

か

ガウス曲率（Gaussian curvature）：　曲面の内的曲率．2つの主曲率の積．楕円面および鞍面のガウス曲率は，それぞれ，正および負の値をもつ．上巻80ページ参照．

可換則（commutative law）：　たとえば，通常の足し算や，掛け算のような2項演算がもつ性質で，2つのものに関する演算の結果が，それらの順序によらないこと．例，$a+b=b+a$，$ab=ba$．下巻187ページ参照．

逆数（reciprocal）：　nという数の逆数は$1/n$である．たとえば，6の逆数は1/6である．上巻5ページ参照．

球，球面（sphere）：　数学では，球といえば，内部を除いた1つの〈曲面〉のことを意味する．球面とその内部を合わせたものは〈球体〉という．上巻81ページ参照．

驚異の定理（theorema egregium）：　ガウスの曲率が曲面の内的性質であることを主張するガウスの定理．上巻80ページ参照．

共面（coplanar）：　同一平面上にあること．上巻94ページ参照．

曲線の曲率（curvature of a curve）：　曲線上の1点における曲率というの

は，その点における接触円の半径のことである．曲率が大きくなるほど，曲線の曲がり具合はきつくなる．上巻76ページ参照．

区間 (interval)： 実数の区間とは，〈端点〉と呼ばれる，与えられた一対の数の間にあるすべての数から構成される集合である．一方の端点が$\pm\infty$である場合には，その区間は〈無限〉であるといわれる．両端点を含む場合には，その区間は〈閉区間〉と呼ばれる．たとえば，$0 \leq x \leq 1$．端点をどちらも含んでいない場合には〈開区間〉と呼ばれる．たとえば，$0 < x < 1$．また，端点でない点は〈内点〉と呼ばれる．下巻243ページ参照．

群＝ぐん (group)： 下巻189ページに示されている公理を満たすような，掛け算が定義されている集合．ゼロでない実数の集合は，通常の掛け算に関して群をなしている．下巻184ページ参照．

公理的方法 (axiomatic method)： 若干の，基礎的な未定義語によって述べられた，公理と呼ばれる基本的前提をおき，これから，特定の推論規則にのっとってすべての命題を導いて理論体系を展開する方法（たとえば，ユークリッド幾何学においては，線と点は未定義語である）．上巻89ページ参照．

根 (root)： 1.方程式の解となる数．たとえば，$x=3$ は方程式 $x^2+10x-39=0$ の根である．2.平方根，立方根，n 乗根など．その平方，立方，n 乗などが与えられた数になるような数．数 a の〈正の n 乗根〉は（もし存在すれば），$\sqrt[n]{a}$ と表される．下巻147ページ参照．

さ

最速降下線 (brachistochrone)： 最速降下を達成するような曲線．下巻285ページ参照．

最大公約数 (greatest common divisor)： 2つの自然数の最大公約数（GCD）というのは，両者の最大の約数になっているような自然数のことである．ユークリッドの算法は2つの数の最大公約数を求める方法である．上巻32ページ参照．

差分商 (difference quotient): 変数 y の値が，変数 x の値に依存するものとしよう．変数 x の相異なる値 x_1 および x_2 に対応する変数 y の値を，それぞれ，y_1 および y_2 とする．$k=y_2-y_1$，$h=x_2-x_1$ とおくとき，k/h を差分商と定義する．差分商は，x 対 y のグラフでいえば，点 (x_1, y_1) および (x_2, y_2) 点を通る割線の勾配であり，x が時間で，y が距離である場合には，時間区間 (x_1, x_2) における平均速度に等しい．下巻220ページ参照．

左右対称 (bilateral symmetry): 2次元，あるいは3次元の物体（有機体，芸術作品など）において，右側と左側が鏡像のように構成されているもの．下巻181ページ参照．

自然数 (natural number): 正の整数．上巻3ページ参照．

主曲率 (principal curvature): 一般的に，曲面 S 上の1点 P には2つの主曲率がある．すなわち，点 P を通る曲線 S の曲率のうちで最大のものと最小のもの．両者の積を，点 P における S のガウス曲率という．上巻80ページ参照．

瞬間速度 (instantaneous velocity): 時刻 t_0 における粒子の瞬間速度というのは，t_0 を含む時間区間の長さをゼロに収束させるときの，この時間区間の平均速度の極限である．下巻230ページ参照．

整数 (integer): 正，負あるいはゼロの整数．上巻16ページ参照．

接触円 (osculating circle): 曲線上にある1点における接触円というのは，その点において曲線に最もよく合致する円のことである（一直線上にない3つの点が，1つの円を決定することに注意）．曲線上の1点 P における接触円は，曲線上，P の近くにある，3つの点を通る円によっていくらでもよい近似をすることができる．上巻76ページ参照．

素因数分解 (prime factorization): 自然数を素数の積として表すこと．たとえば，$60=2^2 \cdot 3 \cdot 5$．〈素因数分解の一意性の定理〉によれば，1より大きい自然数はどれでも，素数の積として（順序は別として），一意的に表される．上巻16ページ参照．

相互差引き (anthyphairesis): 2つの量があるとき，大きい方の量を小さい方から可能な限り何回でも差し引き，その残りを小さい方から可能な

限り何回でも差し引く.さらに,その残りを…という手順であり,これによって,テアイテトスの意味での比が定義される.ある比について相互差引きを行うことは,その比が表す数の単純連分数表現をすることと等価である.上巻31ページ参照.

測地線 (geodesic): その曲線上にある,十分に近い2点がどれも,最短経路で結ばれているような経路.たとえば,地球の表面でいえば,経度線は測地線であるが,(赤道以外の)緯度線は測地線ではない.上巻79ページ参照.

素数 (prime number): それ自身でしか割り切れない,2以上の自然数.上巻16ページ参照.

た

代替可能性 (fungible): たとえば,面積,重量などの量がその価値の唯一の尺度になるとき,その商品は代替可能性をもつといわれる.穀物は,通常,代替可能性をもつ商品である.つまり,ある穀物はどの1ブッシェル(約28 kg)でも同じ価値をもつ.上巻6ページ参照.

互いに素 (relatively prime): 2つの自然数の最大公約数が1であるとき,これらの2つの数は互いに素であるといわれる.上巻33ページ参照.

単位分数 (unit fraction): 分子が1の分数.たとえば,1/5.上巻4ページ参照.

チェイン (chain): 測量士が用いる長さの測定単位で,66フィート($\approx$ 20.1168 m).本書では,傾斜面をすべり降りる質点の問題の議論の際に〈ショートチェイン〉という長さの単位を用いている.これは,$2g=64$フィート(≈ 19.5072 m)である.gは重力加速度に対応する値である.下巻266ページ参照.

中線,中央値 (median): 幾何学においては,三角形の頂点と,対辺の中点を結ぶ線分を中線という.統計学においては,数値データの集合の中央にあるデータの値を中央値という.この中央値以上の値のデータの個数と,中央値以下の値のデータの個数は等しい.上巻120ページ参照.

通約可能(commemsurable): 共通の測定単位で測ることができること．さらに正確にいえば，2つの量の比が，自然数の比に等しいとき，これらの量は通約可能といわれる．上巻24ページ参照．

等号成立の場合がある［鋭い］(sharp): ≦や≧を含む不等式において，変数の選び方によって，不等号が等号で置きかえられる場合があるとき，等号成立の場合があるという．たとえば，$x^2+y^2 \geq 2xy$ という不等式は，$x=y$ の場合には，左右両辺が等しくなるから，等号成立の場合がある不等式である．下巻285ページ参照．

等周問題(isoperimetric problem): 古典的な等周問題というのは，周囲が一定の長さの図形のうちで，面積が最大になるものを求める問題であった．しかし，この問題は，さまざまな形に一般化されている．たとえば，図形に制約条件をつけたり，"周囲の長さ"の意味をさまざまに拡張したり，あるいは，3次元で考え，表面積が一定の立体のうちで体積が最大のものを求める問題などである．下巻271ページ参照．

等長変換［写像］(isometry): 2つの空間の間の，距離を保持したままの写像．下巻192ページ参照．

等倍(equimultiple): 量 A および B と，量 a および b について，$A=na$ および $B=nb$ となるような自然数 n が存在するとき，A および B は，それぞれ，a および b に対して等倍であるといわれる．上巻28ページ参照．

な

内的幾何学(intrinsic geometry): 特定の幾何学的宇宙の中にあって，そこにおける測定に基礎をおいた幾何学．たとえば，円の半径というものは，円周から離れることなしに測定することも，また，間接的に推定することもできないから，内的幾何学では，意味をもたない．内的幾何学は，円周の場合には当たり前のことと思えるが，2次元の平面の場合になると，問題は，さらに複雑になる．上巻74ページ参照．

2進法(binary system): 2のベキ乗の和で数を表す記数法．2進法では，

数を表すのに，各桁の数として0か1が用いられる．たとえば，11という数を2進法で表せば，

$$8+2+1 = 1\cdot 2^3 + 0\cdot 2^2 + 1\cdot 2^1 + 1\cdot 2^0 = 1011$$

となる．コンピュータの内部では，数は2進法によって表されている．上巻8ページ参照．

は

バイト（byte）： コンピュータの記憶容量の単位で，8ビットの情報．1バイトで，英文字1字，あるいは，0から255までの整数が符合化できる．なお，英文字としてはアルファベットの大文字，小文字，句読点，スペースに加えて，その他の特殊記号も含むものとする．上巻103ページ参照．

波形（wave form）： 波（周期的，あるいは非周期的な波）のグラフによる表現．音波の波形は，圧力対時間のグラフである．上巻47ページ参照．

判別式（discriminant）： 代数方程式の判別式というのは，方程式の係数によって定まる値であり，これがゼロになれば，方程式の根が重根になることを意味する．たとえば，2次方程式 $ax^2+bx+c=0$ の判別式は b^2-4ac である．下巻220ページ参照．

比（ratio）： 2つの量の相対的な大きさ．2つの数量の比 $a:b$ は分数 a/b によって定義される．上巻25ページ参照．

比例（proportion）： 2つの比が等しいこと．比 $a:b$ と比 $c:d$ が等しいということを比例といい，$a:b::c:d$ と書かれる．上巻25ページ参照．

部分商（partial quotient）： 単純連分数を定める自然数列のこと．単純連分数

$$\cfrac{1}{6+\cfrac{1}{5}}$$

についていえば，6と5が部分商である．上巻31ページ参照．

分配則（distributive law）： 足し算に関する掛け算の分配則というのは，任意の数 a, b, c に関して，$a(b+c)=ab+ac$ が成立することである．下巻 145 ページ参照．

分類学，分類法（taxonomy）： 階層的分類体系．

分類検索表（taxonomic key）： 一連の質問に答えてゆくと，そのものの分類に到達できるような，階層的樹木状に構成された質問票．下巻 201 ページ参照．

平均速度（mean velocity）： 1つの点が，ある時間区間にある距離を移動するとき，この移動距離を時間区間で割ったものが，この時間区間における平均速度である．下巻 231 ページ参照．

ベキ根（radical）： 1.平方根，立方根，n 乗根など．2.平方根の記号 $\sqrt{}$．下巻 164 ページ参照．

変分原理（variational principle）： 限定された意味においてではあるが，すべての考えられる結果の中で，実際に起こるのは，ある量を最大化したり最小化したりするものだという形で述べられる物理法則の一つ．たとえば，〈最小作用の原理〉．下巻 270 ページ参照．

ま

無理数（irrational number）： 2つの整数の商として表せない数．$\sqrt{2}$ が無理数であることは証明できる．上巻 24 ページ参照．

や

有理数（rational number）： 2つの整数の商として表される数．たとえば，7/5．上巻 4 ページ参照．

ユークリッドの算法（Euclidian Algorithm）： 2つの自然数の最大公約数を求める計算手順．上巻 32 ページ参照．

ら

連分数 (continued fraction)： $a_0, a_1, ..., a_n$ および $b_0, b_1, ..., b_n$ が自然数であるとき，

$$a_0 + \cfrac{b_1}{a_1 + \cfrac{b_2}{a_2 + \cfrac{b_3}{a_3 + \ddots}}}$$

という形の分数を連分数という．とくに，$b_n = 1$，$n = 1, 2, ...$ であるとき，これを〈単純〉連分数という．連分数理論とユークリッドの算法および相互差引きの間には関連がある．上巻 25 ページ参照．

60進記数法，60進法 (sexagesimal system)： 数を，60 のベキ乗の和として表現する記数法．60 進法によれば，11, 0, 21 ; 12, 45 は

$$11 \cdot 60^2 + 0 \cdot 60 + 21 + \frac{12}{60} + \frac{45}{60^2}$$

という数を表す．時，分，秒など，時間は 60 進法で表されている．上巻 16 ページ参照．

わ

割り算のアルゴリズム (division algorithm)： 2 つの実数 a, b が与えられるとき，a を b の倍数に余りを加えた形で表すこと．さらに正確にいえば，割り算のアルゴリズムというのは，$a = qb + r$ となるような，商と呼ばれるただ一つの非負の整数 q と，剰余（＝余り）と呼ばれるただ一つの実数 r $(0 \le r < b)$ を決定することである．上巻 31 ページ参照．

文　献

原著図書

Abbott, E. A. (1884). Flatland: A romance of many dimensions. London: Seeley. 石崎阿砂子・江頭満寿子訳(1992)．多次元★平面国：ペチャンコ世界の住人たち．東京図書．

Benson, D. C. (1969). An elementary solution of the brachistochrone problem. American Mathematical Monthly, 76(8), 890-894.

Benson, D. C. (1999). The moment of proof: Mathematical epiphanies. New York: Oxford University Press.

Burger, D. (1965). Sphereland. New York: Crowell (Translated from the Dutch by Cornelie J. Rheinboldt. Sphereland is a sequel to Flatland, Abbott (1884)). 石崎阿砂子訳(1992)．多次元★球面国：ふくらんだ国のファンタジー．東京図書．

Carter, R. (1999). Mapping the mind. Berkeley: University of California Press. 養老孟司監修・藤井留美訳(1999)．脳と心の地形図：思考・感情・意識の深淵に向かって：ビジュアル版．原書房．

Drake, S. (1978). Galileo at work. Chicago: University of Chicago Press. 田中一郎訳 (1984～85)．ガリレオの生涯1～3．共立出版．

Escher, M. C. (1961). The graphics work of M. C. Escher. New York: Meredith Press.

Fowler, D. H. (1987). The mathematics of Plato's Academy: A new reconstruction. Oxford: Oxford University Press.

Galilei, V. (1985). Fronimo (vol. 39). Neuhausen-Stuttgart: American Institute of Musicology (Translated and edited by Carol MacClintock. First published in 1584. This work discusses the lute's temperament and the issue of alternative frets (tastini) at pp. 155-166).

Gödel, K. (1931). Über formal unentscheidbare Sätze der Principia Mathematica und verwandter Systeme I (On formally undecidable propositions of Principia Mathematica and related systems I). Monatshefte für Mathematik und Physik, 38, 173-198.

Grant, E. (ed.). (1974). A source book in medieval science. Cambridge, MA: Harvard University Press.

Hadamard, J. (1954). An essay on the psychology of invention in the mathematical field. New York: Dover (Reprint. First published by Princeton University Press in 1945).

伏見康治・尾崎辰之助・大塚益比古訳(2002).　数学における発明の心理(新装版).　みすず書房.

Hardy, G., Littlewood, J. and Pólya, G. (1934). Inequalities. Cambridge : Cambridge University Press.

Hardy, G. and Wright, E. (1979). An introduction to the theory of numbers (5 th ed.). Oxford : Oxford University Press. 示野信一・矢神　毅訳(2001).　数論入門 1, 2.　シュプリンガー・フェアラーク東京.

Harris, R. L. (1999). Information graphics : A comprehensive illustrated reference. New York : Oxford University Press.

Heath, T. L. (ed.). (1953). The works of Archimedes. New York : Dover (Reprint. Originally published by Cambridge University Press in 1897).

Helmholtz, H. L. F. (1954). On the sensations of tone as a physiological basis for the theory of music. New York : Dover (Translation by Alexander J. Ellis of the fourth (and last) German edition of 1877).

Hilbert, D. (1902). The foundations of geometry. Chicago : The Open Court Publishing Company (Translated by E. J. Townsend). 中村幸四郎訳(2005).　幾何学基礎論.　ちくま学芸文庫.

Hilbert, D. and Ackermann, W. (1950). Principles of mathematical logic. New York : Chelsea (Translated from the German by Lewis M. Hammond, George G. Leckie and F. Steinhardt. First published in 1928 with the title Grundzüge der theoretischen Logik). 石本　新・竹尾治一郎訳(1974).　記号論理学の基礎(改訂最新版).　大阪教育図書.

Honsberger, R. (1973). Mathematical gems. Washington, DC : The Mathematical Association of America.

Jeans, S. J. (1937). Science and music. New York : MacMillan.

Jones, O. (1986). The grammar of ornament. London : Studio Editions (Reprint. Originally published by Messers Day and Son, London, in 1856).

König, D. (1950). Theorie der endlichen und unendlichen Graphen. New York : Chelsea (Reprint. Originally published in 1936).

Kreith, K. and Chakerian, D. (1999). Iterative algebra and dynamic modeling : A curriculum for the third millenium. New York : Springer-Verlag.

Lambert, J. H. (1779). Pyrometrie. Berlin : Hauder and Spener.

Munz, P. A. (1970). A California flora. Berkeley : University of California Press.

Newman, J. R. (ed.). (1956). The world of mathematics. New York : Simon and Schuster.

Nightingale, F. (1858). Notes on matters affecting the health, efficiency, and hospital administration of the British Army, founded chiefly on the experience of the late war. London : Harrison and Sons.

Parshall, K. H. (1995). The art of algebra from al-Khwarizmi to Viète : A study in the natural selection of ideas. World Wide Web (http://viva.lib.virginia.edu/science/

parshall/algebra.html).
Petsinis, T. (1997). The French mathematician. New York : Berkley.
Playfair, W. (1801). Commercial and political atlas. London : Wallis.
Plomp, R. and Levelt, W. (1965). Tonal consonance and critical bandwidth. Journal of the Acoustical Society of America, 38(2), 548-560.
Reid, D. A. (1999). Symmetry in the plane. World Wide Web (http://plato.acadiau.ca/courses/educ/reid/Geometry/Symmetry/symmetry.html).
Schattschneider, D. (1978). The plane symmetry groups : Their recognition and notation. American Mathematical Monthly, 85, 439-450.
Schechter, M. (1980). Tempered scales and continued fractions. American Mathematical Monthly, 87(1), 40-42.
Schulter, M. (1998). Pythagorean tuning and medieval polyphony. World Wide Web (http://www.medieval.org/emfaq/harmony/pyth.html).
Silver, A. L. (1971). Musimatics or the nun's fiddle. American Mathematical Monthly, 78(4), 351-357.
Smith, D. E. (1959). A source book in mathematics (vol. 2). New York : Dover.
Tufte, E. R. (1983). The visual display of quantitative information. Cheshire, CT : Graphics Press.
Tufte, E. R. (1990). Envisioning information. Cheshire, CT : Graphics Press.
Tufte, E. R. (1997). Visual explanations : Images and quantities, evidence and narrative. Cheshire, CT : Graphics Press.
Twardokens, G. (1990). Brachistochrone (that is, shortest time) in skiing descents. Proceedings of the Eighth International Symposium of the Society of Biomechanics in Sports, 205-209.
van der Waerden, B. L. (1975). Science awakening (vol. 1). Groningen : P. Noordhoff (Originally published by P. Noordhoff in 1961 as Ontwakende wetenschap).
Walter, M. and O'Brien, T. (1986). Memories of George Pólya. Mathematics Teaching, 116.
Washburn, D. K. and Crowe, D. W. (1988). Symmetries of culture. Seattle : University of Washington Press.
Whittaker, E. T. and Watson, G. N. (1927). A course of modern analysis(4 th ed.). Cambridge : Cambridge University Press (The first edition was published in 1902).
Witelson, S. F., Kigar, D. L. and Harvey, T. (1999). The exceptional brain of Albert Einstein. The Lancet, 353(9170), 2149-2153.

日本語図書

カルダーノ著,清瀬 卓・澤井茂夫訳(1980). カルダーノ自伝. 海鳴社. ＊本書の記述は「自伝」とはかなり食い違っている点がある.
ダンネマン著,安田徳太郎訳(2002). 大自然科学史. 三省堂.
ユークリッド著,中村幸四郎・寺阪英孝・伊東俊太郎・池田美恵訳・解説(1996). ユークリ

ッド原論．共立出版．
イアンブリコス著，佐藤義尚訳(2000)．ピュタゴラス伝．国文社．
プトレマイオス著，藪内　清訳(1982)．アルマゲスト．恒星社厚生閣．
プラトン著，藤沢令夫訳(1994)．メノン．岩波文庫．

索　引

あ行

アインシュタイン，アルベルト　74, 104
アーヴィング，ワシントン　73
アーベル，ニールス・ヘンリク　180
アボット，エドウィン・A　73, 215
アポトメ　68
アーメス　4
アリストテレス　21, 39, 227
アルキメデス　26, 77, 215, 237, 263
　　──の公理　27, 30
　　──螺旋　108
アルキュタス　106
アルゴリズム　9, 12, 15, 153, 169
アルハンブラ　181
アル-フワーリズミー　110, 153
アンチテーゼ　22
鞍点　81, 87

位相　44, 48, 55
位置理論　54
一定速度　125
陰極線管　48

ヴィエート，フランソワ　140
ウォーリス，ジョン　110, 141
嘘つきのパラドックス　203

宇宙　74
うなり　55, 68
裏返し　184, 192

エジプト　20
エジプト式掛け算　8
エジプト式分数　3
エネルギー保存則　254
エラトステネス　73
円周　217
円周率　215
円錐曲線　128
円の反転　98

黄金分割　168
「大いなるわざ」　175, 209
オクターヴ　41, 44, 54, 57, 66
オシロスコープ　47
オズの魔法使い　144
帯模様　182, 194
オレーム，ニコラ　112
音階　39, 59
音楽　39
音響学　42, 51
音程　44, 59
　　平均律の──　40

か行

概周期　50
概周期的波形　51
解析　119
解析的証明　120
外的幾何学　74
回転　184, 192
ガウス，カール・フリードリヒ　79

ガウス曲率　80, 88
可換則　187
蝸牛管　53
角錐台　89
角速度　43, 109
掛け算に関する統合則　189
カッツ，マーク　46
壁紙模様　182, 194
ガリレイ，ヴィンツェンツォ　40
ガリレイ，ガリレオ　40, 107, 109, 227, 253, 277
カルダーノ，ジローラモ　137, 145, 172, 174
ガロア，エヴァリスト　180, 188
関数　237

記憶容量　103
幾何学　235
幾何学的な量　21, 25
幾何数列　21, 282
幾何平均　106, 282, 304
擬球　82
記号代数学　140, 146
記述代数学　140, 153
基底膜　53
軌道　131
逆元　189
逆数　5
逆変換　189
キャロル，ルイス　141
球面　73, 79, 81, 96
球面過剰角　86
球面三角形　86
虚　171
驚異の定理　80, 82, 88

鏡映 192, 193, 194
協和 41, 45, 51, 54, 59, 68
極限 240, 241
曲線にそった運動 254
極値問題 271
曲率 101
　曲線の—— 75
　曲面の—— 79
曲率中心 76
曲率半径 76
ギリシャ人 19, 106, 168

空間的知覚 104
区間 243
矩形波 47
汲み尽くし法 215
クラウゼヴィッツ, カール・フォン 145
グラフ 102, 106, 108, 112
グラフ用紙 113
クラリネット 45, 48, 51, 58
クリスタル, ジョージ 112
クロネッカー, レオポルド 3
群 184, 188, 194, 201

計算機の言語 146
計算の優先順序の規則 146
形式主義学派 204
結晶学 182, 194
決定手順 204
決定不可能 205
決定不可能性定理 205
ゲーテ, ヨハン・ヴォルフガンク・フォン 139
ゲーデル, クルト 204
ケプラー, ヨハネス 130
懸垂線 133
現代の解析 119
限定作用素 146

小石 213
降下時間 266
合成的 119, 120
後置記法 146
合同性 95

恒等変換 184, 189
公約数 32
公理系理論 92
公理的方法 89, 135
5音からなる音階 60
コーシー, オーギュスタン-ルイ 284
　——の不等式 284, 303
古代エジプト人が用いた掛け算や割り算 7
古代の解析 119
古典代数学 140
コペルニクス 111
コルチ器官 53
壊れたダッシュボード 244
根 147
コンピュータ 8, 103, 143, 157, 216
コンピュータ言語 236

さ 行

サイクロイド 108, 286
サイクロイド関数 291
最小作用の原理 270
最小値 243
最速降下線 285
最速降下問題 271, 286, 294, 300, 305
最大公約数 32
最大値 243
サッケーリ, ジローラモ 93
座標幾何学 102, 117, 122, 128, 133, 220
差分商 220, 225, 233, 250, 273
左右対称性 181
三角形過剰角 86
3次方程式 18, 153, 165, 172, 175, 177, 225
算術数列 21
算術的な量 21, 25
算術平均 282, 303

自然数 3
実数 21, 25, 171

四辺形 89
写像 238
斜面 228
周期 43, 47, 50
周期的 47, 50, 55
周期的波形 47, 50
従属変数 238
周波数 44, 48
重力 253
重力加速度 253, 266
主曲率 80
瞬間速度 228, 231, 248
純正律 66
上音 45
除去可能でない不連続性 243
除去可能な不連続性 242
ショートチェイン 266, 269, 278
シルヴェスター, ジェームズ・J 112
ジンテーゼ 22
振幅 43, 48, 51
心理音響学 41, 53

推論の規則 209
数学的証明 22
数学的モデル 245
数学の学術誌 105
数値解析 161
数理解析 235, 282
スプレッドシート 157
スペクトル 51
滑り鏡映 193, 194
鋭い不等式 285

正弦音 42
正弦波 42, 47, 50
整合性をもたない 205
整数部 16
生成元 190
接触円 76, 82
接線の問題 214
接平面 78
全音階 41
全音階的半音 67

素因数分解　16
双曲線　128, 132
双曲的幾何学　97
双曲的な点　81, 88
走行距離計　254
相互差引き　25, 27
測地線　79, 83
速度　125
　　——の平均値　254
速度計　246
素数　16

た　行

大円　86, 96
対称性　181
対称変換　184
対心点　96
代数学　139, 153
代数の規則　140, 150, 209
代替可能性　6
楕円　128
楕円的幾何学　96
楕円的な点　81, 88
互いに素　33
タルターリア　172, 174, 175
ターレス　20
単位分数　4
単純音　42

チェイン（測鎖）　266
中間値　244
抽象代数　181
抽象代数学　140
中線　124
聴覚に関するオームの法則　49
跳躍型の不連続性　243
調律　59, 68
　　平均律による——　40

通常の分数　4
通約可能　4, 24, 34
通約不可能　22, 34, 38, 50

テアイテトス　30, 34

定積分　256, 258
デカルト，ルネ　117, 222, 237
テーゼ　22
デーデキント，リヒャルト　29
デル・フェッロ，スキピオーネ　172
天空の音楽　41
電卓　9, 144

導関数　250, 251
等差数列　21, 232
透視図法　128
等周問題　271
等長変換　192
等倍　28
等比数列　21
特異点　88
独立変数　238
時計　111
凸　80, 218
凸曲線　218
凸集合　218
トラクトリックス　82
トーラス　79, 83, 87
ドラム　45, 51, 54
トリチェッリ，エヴァンゲリスタ　279

な　行

ナイチンゲール，フローレンス　112
内的幾何学　74, 86
ナポレオン　50

2次方程式　153, 165, 168, 171, 223
2進法　8
ニューコム，サイモン　283
ニュートン，アイザック　109, 130, 142, 211, 213

音色　45, 51

脳　42, 53, 104

は　行

π　216
倍音でない　45, 51
バイト　103
波形　47
パターン　184
バッハ　65, 181
バビロニア　159
　　——の分数　3, 16
ハミルトンの原理　270
パルテノン神殿　168
半音　61
　　平均律における——　67
半回転　194
判別式　220, 222
判別式法　223
万有引力の法則　131
比　4, 25, 44, 50, 54, 61, 63, 67, 168
ピアノ　61, 66
微係数　248, 249
ピサの斜塔　227
ピサのレオナルド　4, 13, 17
非周期的波形　50
微積分学　120, 126, 142, 213
　　——の基本定理　237, 260
　　——の第1基本定理　261
微分　214, 220
微分演算の逆演算　251
微分音階　68
微分方程式　291
非ユークリッド幾何学　89, 93
ピュタゴラス　20, 39
　　——のコンマ　61, 65
　　——の定理　135
ピュタゴラス音律　40, 61
ピュタゴラス学派　39, 54, 61, 67
ピュタゴラス教団　22
ヒューリスティック（発見的）　143

ヒルベルト，ダーフィト 92, 204
比例 25

フィオール，アントニオ・マリア 172
フィボナッチ 13, 17
フェッラーリ，ロドヴィコ 172, 174
フェルマー，ピエール・ド 118, 214, 220, 225
——の最短時間の法則 270
フォンターナ，ニッコロ 172, 174
不協和 41, 51, 54, 65, 68
複素数 171, 179
フック，ロバート 213
不定積分 262
プトレマイオス，クラウディウス 111
部分音 45
部分商 31
ブラウン運動 248
プラトン 19, 23, 34, 235
フーリエ級数 50
フーリエ，ジョセフ 50
「プリンキピア」 142
フルート 45, 51
ブレイク，ウィリアム 181
プレイフェア，ウィリアム 112
プロクロス 34
分割のメッシュ 259
分析的 119
分配則 145
分類検索表 201

平均速度 231, 246, 260
平均律 61
——における半音 67
——による調律 40
——の音程 40
並進 192, 194
平方根 156, 159
平面的な点 81

ベキ根 164
ベケシ，ゲオルグ・フォン 53
ヘーゲル，ゲオルグ・ウィルヘルム・フリードリヒ 21
ベートーヴェン 66
ペルガのアポロニウス 128
ヘルツ，ハインリッヒ・ルードルフ 44
ベルヌーイ，ヨハン 288
ヘルムホルツ共鳴器 51
ヘルムホルツ，ヘルマン・フォン 52
ベンフォードの法則 282
変分原理 270

ボーア，ニールス 51
ボーア，ハラルド 51
ポアンカレ，ジュール・アンリ 97
ポイア，ジョージ 144
方程式 140, 147, 153, 163
放物線 128, 131
放物的な点 81
ホッブス，トーマス 110, 141
ボリャイ，ヤーノッシュ 93

ま 行

マルチバイブレータ 47, 58

みにくい数 177

無限型の不連続性 243
無限小 236
無理数 24, 169

メソポタミア 20
メタポントのヒッパソス 22
面積の問題 214
面葉 128, 132

や 行

ヤコービ，カール 235
有理数 4, 64, 169
ユークリッド 19
——の「原論」 19, 26, 28, 30, 32, 90, 120, 152
——の算法 32
ユークリッド幾何学 74, 84, 89, 120, 152, 235
ユーザー用画像インターフェイス 103
ユードクソス 26, 28, 215

よい数 170, 171, 177
欲張り算法 13, 18
4次方程式 153, 175, 180

ら 行

ライプニッツ，ゴットフリート・ウィルヘルム 214
落体 227
螺旋 77
ランベルト，ヨハン・ハインリッヒ 112

リーマン，ベルンハルト 95
流動性 237
流率 244
リュート 227, 229
量 25
　幾何学的な—— 21, 25
量子 236
臨界帯域幅 55, 58
リンドパピルス 4, 9, 140, 148
リンド，ヘンリー 4

ルジャンドル，アドリアン・マリー 92

撚率 78
連続性 237, 242

連分数　25, 33, 37, 63, 68

狼音　61, 65
狼音程　60
60進法　16, 20

ロシア農民の掛け算　7, 17
ロゼット　182, 184
ロバチェフスキー，ニコライ
　　93

わ　行

割り算のアルゴリズム　31
わるい数　170, 171, 177

MEMO

MEMO

訳者略歴

柳井　浩（やない・ひろし）

1937 年　東京都に生まれる
1964 年　慶應義塾大学大学院工学研究科修了
現　在　慶應義塾大学名誉教授
　　　　工学博士

数学へのいざない（上）　　　　　定価はカバーに表示

2006 年 4 月 25 日　初版第 1 刷

訳　者　柳　井　　　浩
発行者　朝　倉　邦　造
発行所　株式会社　朝　倉　書　店

東京都新宿区新小川町 6-29
郵便番号　162-8707
電　話　03(3260)0141
FAX　03(3260)0180
http://www.asakura.co.jp

〈検印省略〉

© 2006〈無断複写・転載を禁ず〉　　中央印刷・渡辺製本

ISBN 4-254-11111-8　C 3041　　Printed in Japan

T.H.サイドボサム著　前京大 一松　信訳

はじめからの すうがく事典

11098-7 C3541　　　B5判 512頁 本体8800円

数学の基礎的な用語を収録した五十音順の辞典。図や例題を豊富に用いて初学者にもわかりやすく工夫した解説がされている。また，ふだん何気なく使用している用語の意味をあらためて確認・学習するのに好適の書である。大学生・研究者から中学・高校の教師，数学愛好者まであらゆるニーズに応える。巻末に索引を付して読者の便宜を図った。〔項目例〕1次方程式，因数分解，エラトステネスの篩，円周率，オイラーの公式，折れ線グラフ，括弧の展開，偶関数，他

D.ウェルズ著　前京大 宮崎興二・京大 藤井道彦・京大 日置尋久・京大 山口　哲訳

不思議おもしろ幾何学事典

11089-8 C3541　　　A5判 256頁 本体6500円

世界的に好評を博している幾何学事典の翻訳。円・長方形・3角形から始まりフラクタル・カオスに至るまでの幾何学251項目・428図を50音順に並べ魅力的に解説。高校生でも十分楽しめるようにさまざまな工夫が見られ，従来にない"ふしぎ・おもしろ・びっくり"事典といえよう。〔内容〕アストロイド／アポロニウスのガスケット／アポロニウスの問題／アラベスク／アルキメデスの多面体／アルキメデスのらせん／……／60度で交わる弦／ロバの橋／ローマン曲面／和算の問題

形の科学会編

形の科学百科事典

10170-8 C3540　　　B5判 916頁 本体35000円

生物学，物理学，化学，地学，数学，工学など広範な分野から200名余の研究者が参画。形に関するユニークな研究など約360項目を取り上げ，「その現象はどのように生じるのか，その形はどのようにして生まれたのか」という素朴な疑問を謎解きするような感覚で，自然の法則と形の関係，形態形成の仕組み，その研究手法，新しい造形物などについて読み物的に解説。各項目には関連項目を示し，読者が興味あるテーマを自由に読み進められるように配慮。第59回毎日出版文化賞受賞

神奈川大 小国　力・神奈川大 小割健一著

MATLAB数式処理による数学基礎

11101-0 C3041　　　A5判 192頁 本体3400円

数学・数式処理・数値計算を関連づけ，コンピュータを用いた応用にまで踏み込んだ入門書。〔内容〕微積分の初歩／線形代数等の初歩／微積分の基礎／積分とその応用／偏微分とその応用／3変数の場合／微分方程式／線形計算と確率統計計算

J.スティルウェル著
京大 上野健爾・名大 浪川幸彦監訳

数学のあゆみ（上）

11105-3 C3041　　　A5判 280頁 本体5500円

中国・インドまで視野に入れて高校生から読める数学の歩み〔内容〕ピタゴラスの定理／ギリシャ幾何学／ギリシャ時代における数論および無限／アジアにおける数論／多項式／解析幾何学／射影幾何学／微分積分学／無限級数／蘇った数論

早大 足立恒雄著

数　—体系と歴史—

11088-X C3041　　　A5判 224頁 本体3500円

「数」とは何だろうか？一見自明な「数」の体系を，論理から複素数まで歴史を踏まえて考えていく。〔内容〕論理／集合：素朴集合論他／自然数：自然数をめぐるお話他／整数：整数論入門他／有理数／代数系／実数：濃度他／複素数：四元数他／他

J.-P.ドゥラエ著　京大 畑　政義訳

π — 魅惑の数

11086-3 C3041　　　B5判 208頁 本体4600円

「πの探求，それは宇宙の探検だ」古代から現代まで，人々を魅了してきた神秘の数の世界を探る。〔内容〕πとの出会い／πマニア／幾何の時代／解析の時代／手計算からコンピュータへ／πを計算しよう／πは超越的か／πは乱数列か／付録／他

◆ はじめからの数学〈全3巻〉 ◆
数学をはじめから学び直したいすべての人へ

前東工大 志賀浩二著
はじめからの数学1
数 に つ い て
11531-8 C3341　　　　B 5 判 152頁 本体3500円

数学をもう一度初めから学ぶとき"数"の理解が一番重要である。本書は自然数，整数，分数，小数さらには実数までを述べ，楽しく読み進むうちに十分深い理解が得られるように配慮した数学再生の一歩となる話題の書。【各巻本文二色刷】

前東工大 志賀浩二著
はじめからの数学2
式 に つ い て
11532-6 C3341　　　　B 5 判 200頁 本体3500円

点を示す等式から，範囲を示す不等式へ，そして関数の世界へ導く「式」の世界を展開。〔内容〕文字と式／二項定理／数学的帰納法／恒等式と方程式／2次方程式／多項式と方程式／連立方程式／不等式／数列と級数／式の世界から関数の世界へ

前東工大 志賀浩二著
はじめからの数学3
関 数 に つ い て
11533-4 C3341　　　　B 5 判 192頁 本体3600円

'動き'を表すためには，関数が必要となった。関数の導入から，さまざまな関数の意味とつながりを解説。〔内容〕式と関数／グラフと関数／実数，変数，関数／連続関数／指数関数，対数関数／微分の考え／微分の計算／積分の考え／積分と微分

◆ シリーズ〈数学の世界〉〈全7巻〉 ◆
野口廣監修／数学の面白さと魅力をやさしく解説

理科大 戸川美郎著
シリーズ〈数学の世界〉1
ゼロからわかる数学
――数論とその応用――
11561-X C3341　　　　A 5 判 144頁 本体2500円

0, 1, 2, 3, …と四則演算だけを予備知識として数学における感性を会得させる数学入門書。集合・写像などは丁寧に説明して使える道具としてしまう。最終目的地はインターネット向きの暗号方式として最もエレガントなRSA公開鍵暗号

中大 山本 慎著
シリーズ〈数学の世界〉2
情 報 の 数 理
11562-8 C3341　　　　A 5 判 168頁 本体2800円

コンピュータ内部での数の扱い方から始めて，最大公約数や素数の見つけ方，方程式の解き方，さらに名前のデータの並べ替えや文字列の探索まで，コンピュータで問題を解く手順「アルゴリズム」を中心に情報処理の仕組みを解き明かす

早大 沢田 賢・早大 渡邊展也・学芸大 安原 晃著
シリーズ〈数学の世界〉3
社 会 科 学 の 数 学
――線形代数と微積分――
11563-6 C3341　　　　A 5 判 152頁 本体2500円

社会科学系の学部では数学を履修する時間が不十分であり，学生も高校から数学を学習していない。このことを十分考慮して，数学における文字の使い方などから始めて，線形代数と微積分の基礎概念が納得できるように工夫をこらした

早大 沢田 賢・早大 渡邊展也・学芸大 安原 晃著
シリーズ〈数学の世界〉4
社 会 科 学 の 数 学 演 習
――線形代数と微積分――
11564-4 C3341　　　　A 5 判 168頁 本体2500円

社会科学系の学生を対象に，線形代数と微積分の基礎が確実に身に付くように工夫された演習書。各章の冒頭で要点を解説し，定義，定理，例，例題と解答により理解を深め，その上で演習問題を与えて実力を養う。問題の解答を巻末に付す

専大 青木憲二著
シリーズ〈数学の世界〉5
経 済 と 金 融 の 数 理
――やさしい微分方程式入門――
11565-2 C3341　　　　A 5 判 160頁 本体2700円

微分方程式は経済や金融の分野でも広く使われるようになった。本書では微分積分の知識をいっさい前提とせずに，日常的な感覚から自然に微分方程式が理解できるように工夫されている。新しい概念や記号はていねいに繰り返し説明する

早大 鈴木晋一著
シリーズ〈数学の世界〉6
幾 何 の 世 界
11566-0 C3341　　A5判 152頁 本体2800円

ユークリッドの平面幾何を中心にして，図形を数学的に扱う楽しさを読者に伝える。多数の図と例題，練習問題を添え，談話室で興味深い話題を提供する。〔内容〕幾何学の歴史／基礎的な事項／3角形／円周と円盤／比例と相似／多角形と円周

数学オリンピック財団 野口 廣著
シリーズ〈数学の世界〉7
数学オリンピック教室
11567-9 C3341　　A5判 140頁 本体2700円

数学オリンピックに挑戦しようと思う読者は，第一歩として何をどう学んだらよいのか。挑戦者に必要な数学を丁寧に解説しながら，問題を解くアイデアと道筋を具体的に示す。〔内容〕集合と写像／代数／数論／組み合せ論とグラフ／幾何

◆ すうがくぶっくす ◆
森 毅・斎藤正彦・野崎昭弘 編集／寝ころんで読める！

前東海大 草場公邦著
すうがくぶっくす2
線 型 代 数 （増補版）
11462-1 C3341　　A5変判 180頁 本体2700円

1「なぜ必要か」「どうしてこのようなことを考えるか」，2図形的，感覚的なイメージが伝わるよう，の2点に重点を置き執筆。〔内容〕行列式の話／線型空間の話／線型写像と行列／線型写像とその行列の標準形／計量空間とユニタリー行列

群馬大 瀬山士郎著
すうがくぶっくす5
ト ポ ロ ジ ー
——ループと折れ線の幾何学——
11465-6 C3341　　A5変判 180頁 本体3000円

本書は，代数的トポロジーのうち，ホモトピー理論を直観的に図を多用してやさしく解説した，"柔らかい幾何学"への絶好の入門書である。〔内容〕主題と方法／ホモトピー理論／基本群／基本群の計算／複体と折れ線群／基本群の応用

津田塾大 丹羽敏雄著
すうがくぶっくす6
ベ ク ト ル 解 析
——場の量の解析——
11466-4 C3341　　A5変判 164頁 本体3000円

本書は，3次元空間のスカラー場やベクトル場の解析という限定で具体性を持たそうとした好著である。〔内容〕n次元ユークリッド空間E_n／スカラー場とベクトル場／スカラー場の勾配場＝グラジエント／ベクトル場の発散／ベクトル場の回転

前東海大 草場公邦著
すうがくぶっくす7
ガ ロ ワ と 方 程 式
11467-2 C3341　　A5変判 192頁 本体3300円

初等整数論とガロワ理論を平易に説いた著者の本シリーズ第二作目。〔内容〕ユークリッドの互助法／複素数と三次方程式の根の公式／群の概念／代数的数と数体／共役の原理と自己同型群／ガロワの理論とその応用

阪大 難波 誠著
すうがくぶっくす10
複 素 関 数 三幕劇
11470-2 C3341　　A5変判 296頁 本体4500円

応用が広範囲な複素関数の理論を，バレー劇「白鳥の湖」になぞらえながら，具体的な話への熱き想いを説き語る力作。〔内容〕レムニスケート関数＝夜の湖のほとりで／解析関数＝華麗なる舞踏会／保型関数と非ユークリッド幾何学＝魔の世界

東京女大 小林一章著
すうがくぶっくす11
曲面と結び目のトポロジー
——基本群とホモロジー群——
11471-0 C3341　　A5変判 160頁 本体2800円

基本群とホモロジー群の長所を組み合わせ，曲面と結び目の話を中心にトポロジーのおもしろさを展開する。〔内容〕曲面／多様体／連結和／基本群／ホモトピー／ティーツェ変換／ザイフェルトファンカンペンの定理／ホモロジー群／位相空間／他

名城大 岡本清郷著
すうがくぶっくす17
フーリエ解析の展望
11493-1 C3341　　A5変判 184頁 本体3200円

「単に解析のみならず代数や幾何と深くかかわっている」認識を深める待望の物語。〔内容〕序論／準備／単位円上のフーリエ解析／実数空間上のフーリエ解析／球面上のフーリエ解析／フーリエ解析の背景／無限次元空間上のフーリエ解析

上記価格（税別）は 2006年3月現在